地球空间信息科学与技术研究生系列教材

地理信息系统的数学基础

Mathematical Foundation of GIS

吴华意　沃夫冈·凯恩斯 (Wolfgang Kainz)　著

中国教育出版传媒集团
高等教育出版社·北京

图书在版编目 (C I P) 数据

地理信息系统的数学基础 / 吴华意, (奥) 沃夫冈 · 凯恩斯 (Wolfgang Kainz) 著. --北京：高等教育出版社，2024.1

ISBN 978-7-04-061008-6

I. ① 地… II. ① 吴… ② 沃… III. ① 地理信息系统 -基本知识 IV. ① P208.2

中国国家版本馆 CIP 数据核字 (2023) 第 153747 号

策划编辑 关 焱　责任编辑 关 焱 贾祖冰　封面设计 王 琰　版式设计 杨 树
责任绘图 于 博　责任校对 张 薇　责任印制 赵义民

出版发行	高等教育出版社	网　址	http://www.hep.edu.cn
社　址	北京市西城区德外大街 4 号		http://www.hep.com.cn
邮政编码	100120	网上订购	http://www.hepmall.com.cn
印　刷	三河市春园印刷有限公司		http://www.hepmall.com
开　本	787mm×1092mm 1/16		http://www.hepmall.cn
印　张	12.75		
字　数	240 千字	版　次	2024 年 1 月第 1 版
购书热线	010-58581118	印　次	2024 年 1 月第 1 次印刷
咨询电话	400-810-0598	定　价	68.00 元

本书如有缺页、倒页、脱页等质量问题，请到所购图书销售部门联系调换

物 料 号　61008-00

DILI XINXI XITONG DE SHUXUE JICHU

地球空间信息科学与技术
研究生系列教材编委会

地球空间信息科学与技术
研究生系列教材总序

地理信息系统（GIS）的发展已经超过半个世纪了，现在已经逐渐成为各类应用的基础技术和通用知识。随着获取地理信息的软硬件技术发展，地理信息领域的学科发展出现了很多变化。数据的类型变多了，数据量变大了，数据分析的范式也变了。最初的时候，存储到计算机里面的地理空间数据主要是数字栅格图（digital raster graph, DRG）和数字线划图（digital line graph, DLG）。现在，数字高程模型（digital elevation model, DEM）、数字正射影像（digital orthophoto map, DOM）、LiDAR 点云、三维模型、图数据、超文本数据、新媒体数据等都是地理空间数据处理的对象了。而且，数据大到了用常规的方法已经来不及处理，地理空间数据分析正在朝着大数据的分析范式演进。当然，更重要的是，地理信息应用的场景更加广泛了，现在地理信息已经渗透到几乎所有的信息化应用中。

这样一些变化，对研究生的培养提出了新的要求。怎样既要研究生系统地掌握从数理基础到最新的数据获取、数据处理和产业行业应用，又要培养他们创新的思维和开展面向未来的科学研究的素养？对于全球各个培养地理信息领域研究生的高等院校研究生院而言，如何寻找一套合适的教材，贯穿于研究生培养的整个过程，适应这些变化，是一个值得探讨的问题。

作为长期在本领域从事研究生培养工作的我们，尝试组织编写一套教材，以应对这些挑战。在规划系列教材时，除了同时出版中英文版本外，要考虑的因素还有很多。首先是要跟上技术发展的最新步伐。技术发展得太快了，好在地理信息技术已经发展了半个多世纪，已经有很多成熟的部分足以作为稳定的教材内容。其次是覆盖全面。我们期望这套教材包含数理基础、数据管理、数据处理、数据分析、数据应用等 GIS 的各个方面知识。虽然未必能一下子齐全，也未必能全部覆盖，但是希望通过逐步的努力和更多人的参与贡献，积淀下更加全面的知识。最后要符合研究生课程教学的特点。每本教材既可以全程使用，也可以选择部分教学，每一章尽量独立，并尽可能地提供练习题，方便研究生加深理解。

出版教材系列，并不是一件容易的事，也不是短期内能够一次性完成的事情。我们预计这套教材会在十年内初具规模，按照每年两到三本的速度出版。选题的内容也可能随着技术的变化持续更新，选题覆盖范围动态调整，以适应未来的发展需求。

在此，我代表地球空间信息科学与技术研究生系列教材编委会，欢迎更多的学者加入出版本教材系列的行列！

龚健雅
武汉大学教授，中国科学院院士
2023 年 3 月

前　言

几千年来，人类一直在从事和数学有关的活动。什么是数学？对这个问题的理解，几个世纪以来一直在变化。开始时，数学主要致力于与贸易和土地测量相关的实际计算。经过几个世纪的发展，数学已经成为应用于所有社会领域的科学学科。地理信息系统（geographic information system，GIS）起源于 1960 年代，至今已经成为处理空间数据的主要工具和科学，并已渗透到我们日常生活的方方面面。本书中我们把地理信息系统等同地称为空间信息系统。

本前言介绍数学的简史，概述不同的理论和分支是如何从逻辑学和集合论演化而来。此外，还对如何阅读和使用本书的各章加以说明，使读者能够更好地理解 GIS 的数学基础。

在古代史中，最早被认为进行数学运算的文明是苏美尔人、巴比伦人、埃及人和中国人。开始时，数学总是和商业、贸易、测量等活动联系在一起。这也是古文明发展解决算术和几何问题的实用方法的主要原因。

公元前 5 世纪，古希腊人开始为了自身的利益有目的地发展数学，这个阶段着重关注如何用科学的方法来处理数学问题。公理和逻辑推理的概念就是在这个时期发展起来的。用科学的方法处理数学问题的第一个伟大的例子是几何学的第一本教科书——欧几里得的《几何原本》。直到 19 世纪所谓的非欧几何出现之前，欧氏几何都被认为是唯一正确的几何学理论。

印度人和阿拉伯人进一步发展了数的概念和三角学。17—18 世纪，物理和其他自然科学的深入研究，导致了微积分和解析几何概念的出现。

19 世纪，数学家们开始建立数学理论的公理基础。从公理的最小集合开始，推导出“命题”（定理），并且其正确性可以通过形式化证明得到。公理化方法就是从那时开始应用于数学的形式化证明的。逻辑学和集合论作为数学语言和数学理论的基础原理，各自扮演了非常重要的角色。20 世纪中叶出现的计算机技术，进一步促进了编程语言和数据库理论中数学向离散数学和数理逻辑应用的发展。

逻辑学是表达数学命题的形式化语言，它定义了从已有命题推导出新命题的规则，并且提供方法证明其正确性。集合论处理的对象是数学大厦的基本构件——集合，以及定义在集合上的各种操作。集合论的符号体系是数学学科中描述结构和操作的基本工具。关系 (relation) 定义了集合中元素之间的关系 (relationship)。这些关系可以将集合元素分为等价类，或者根据某种属性值对元素进行比较。函数（映射）是特殊类型的关系，定义了某个域的元素映射到其他域的像（值）。

元素之间拥有某种关系的或者遵循某种操作的集合称为数学结构。代数结构、序结构和拓扑结构是三种主要的数学结构。在具有代数结构的集合里，我们可以做算术（计算）；在具有序结构的集合里可以进行元素之间的比较；在具有拓扑结构的集合里可以定义收敛性和连续性。例如，微积分运算就是基于拓扑结构。一个集合通常可以具有不止一种结构，比如实数同时有代数、序和拓扑三种结构。代数拓扑的结果 (如单纯形、胞腔复形等) 用于 GIS 理论中空间特征的描述。数学的各个分支及其在数学一般概念中的位置如图 0.1 所示。

在不同结构和混合结构的最上层，有微积分、(解析) 几何、概率论和统计。在空间数据处理中非常重要的经典理论有（解析）几何、线性代数和微积分。GIS 的数字化技术出现后，数学的其他分支，比如拓扑学、图论、非连续离散集合论及其操作的研究，也变得同等重要。后面的两个分支落入通常称为有限数学或者离散数学的领域，在计算机科学及其应用中扮演着非常重要的角色。

本书的目的是为读者提供学习和使用空间信息系统必备的数学知识，学习本书的基本要求是掌握高中数学知识。使用计算机和软件操作和处理空间数据，需要离散数学和拓扑学等知识。本书由 14 章组成。

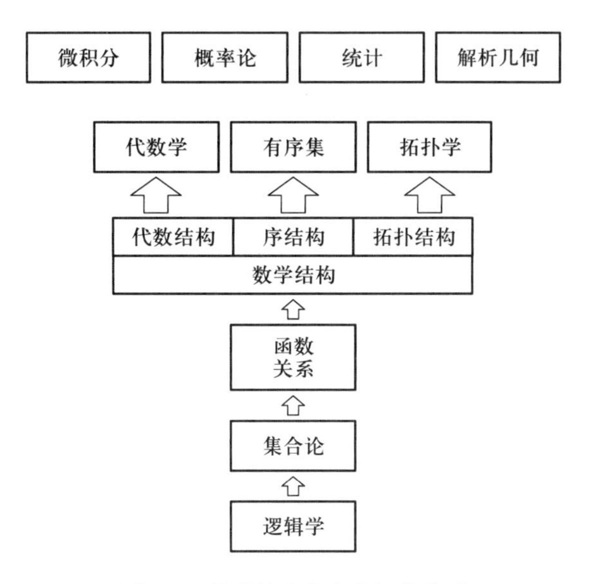

图 0.1 数学的分支和它们的关系

第 1 章讲述有关空间和时间的哲学思考。空间和时间是 GIS 中所有空间数据操作的基础。本章展现了空间模型是建立在扎实的数学基础上的，并且提到了一些非常具有挑战性和有趣的哲学问题，比如“如何表达空间特征模型”。

第 2~4 章介绍数理逻辑。数理逻辑是数学的语言和基础。这三章介绍命题逻辑、谓词逻辑和逻辑推理，即从给定的事实得出逻辑结论的方法。

第 5~6 章介绍集合论、集合操作、关系和函数的基本概念。这两章与前文关于逻辑学的三章是后续章节中处理数学结构的基础。

第 7 章介绍坐标系与坐标转换，为前面几章的基础知识和更高级的数学结构建立联系。本章的大部分内容都属于（解析）几何或者线性代数。

第 8~11 章介绍与 GIS 高度相关的代数结构、拓扑学、有序集和图论。这四章从数据存储、拓扑一致性和空间分析等角度讨论了 GIS 功能的数学基础。

第 12 章讲述不确定性、模糊逻辑及它们在 GIS 中的应用。不确定性在 GIS 中扮演越来越重要的角色。本章告诉读者，模糊的概念也能用数学语言形式化，同时阐述了相关方法在空间决策制定中是如何使用的。

第 13 章和第 14 章讲述的是概率论和统计判别分析。

如图 0.2 所示，读者可以选择自己需要的方式阅读本书。

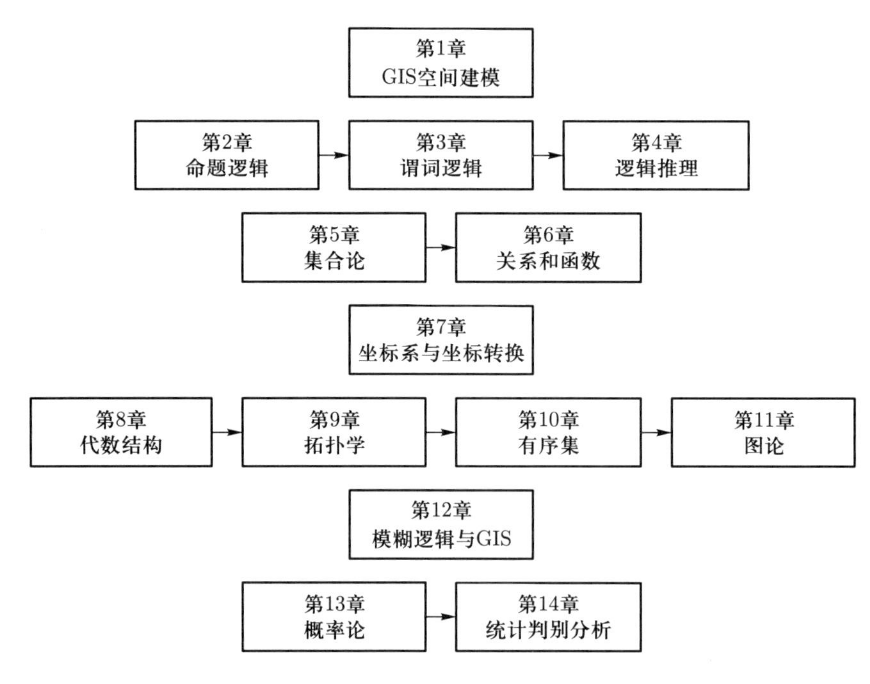

图 0.2　阅读本书的多种方式

第 1 章是面向所有读者的。对逻辑学和集合论基础感兴趣的读者可以阅读第 2~4 章和第 5~6 章。对高等数学结构感兴趣的读者可以阅读第 8~11 章。

第 7 章和第 12 章可以单独阅读，因为它们和其他章节的关联没有那么紧密。对概率论和数理统计感兴趣的读者，可以阅读第 13 章和第 14 章。这两章对于研究遥感和机器学习领域的读者非常重要。当然，阅读本书的最佳方式，是从第 1 章到第 14 章阅读每个章节。

Wolfgang Kainz，于维也纳

吴华意，于武汉

2023 年 3 月

目　　录

第 1 章

GIS 空间建模

我们生活的世界一直在变化中。通过感知，我们可以认识到真实世界发生和存在的过程、状态或事件，这些可能是自然发生的，也可能是人为导致的，这些过程、状态或事件被称为真实世界的现象。人类通过在大脑中处理感知到的输入信息，形成思维中的模型、学习、认知和知识。真实世界中发生的所有现象，经过大脑处理后，得到的都是自己创造的现实模型。通常，通过实践、研究或者学习得到的通用原则和解释会得到大家的一致认同，这些原则和解释使人类对真实现象有着大致相同的理解。

就如同在大脑中理解和创建真实世界模型的模拟方法一样，我们也可以在空间数据库中设计和建立一部分真实世界的模型。本章讲述的空间模型，就是将部分真实世界映射到抽象模型的过程。本章讨论时间和空间的基本原则以及它们在地理信息系统（geographic information system，GIS）中的作用。

1.1 真实世界的现象及其抽象表示

在真实世界中，我们区分自然现象和人工现象。自然现象的存在不受人类行为影响，只受到自然规律制约。典型的自然现象有陆地景观（地形地貌）、天气以及形成和影响它们的自然过程。人工现象是人类参与构造或者建造过程所创建的对象。

基于这些现象，我们可以为特定的应用建立高级抽象模型。我们用地物（现象的抽象；feature）来表述这些模型，通常可以将地物进一步组织为层（layer）。这类模型在地籍、地形、土壤、水文、土地覆盖或土地利用中经常使用到。

这些模型是真实世界的抽象。以地籍为例，地籍是土地管理的法律和组织框架（这是一个非常重要的、容易清楚地描述和理解的概念），然而，当我们环顾四周时，却看不到地籍。我们所看到的是真实世界的现象，如建筑物、道路、围墙、土地和人。地籍是从某些现象及其关系中抽象出来，在给定语境中创建的新事物。

层是有序组织现象的方法。再一次，我们环顾四周，我们并没有看到世界有任何层。但是，我们习惯用层来组织真实世界的现象，我们按照容易理解的目的或者某种特征，把各种现象分解为子集（层），以便提高处理效率。

人类通过感知、处理并提取信息来理解信号（数据），从而形成知识和智慧。为了把真实世界在大脑中的模型概念化，我们需要把我们观测到的现象分类。这些现象存在于空间和时间中，因此具有空间（几何）和时间维度。它们拥有某些专题特征（或属性），让我们不仅可以提取时空信息，还能得到许多专题信息。通过脑思维过程提取的真实世界现象的专题信息是定义层的依据。

在 GIS 中，我们专注于通过数据处理和空间分析，从空间数据中提取空间信息，因此需要在数据库中存储现象的表达。为了达到这个目的，我们需要定义地物，把地物（feature）组织成层（layer），收集关于地物和层的（空间和属性）数据并输入到数据库中。数据处理和空间分析就是从数据中提取信息。总结起来就是：

- 真实世界的现象有时空维度，并有专题特征（属性）；
- （空间）地物是真实世界中现象的表达；
- 空间数据是空间地物的计算机表达；
- 空间数据处理就是从空间数据中提取（空间）信息。

1.2 空间和时间的概念

自从人类诞生起，空间和时间就是哲学界和科学界都在研究的两个紧密相连的概念。人类生活的空间是三维（欧氏）空间，是我们的触觉和视觉感知的参考框架。在各种可能的物理和数学空间中，这是唯一能够直观感觉的、真实的空间。时间是我们即时感觉的变化测度。通常，我们假设时间是连续线性的，从过去到现在，再到未来。

空间和时间（至少像我们理解的那样）在我们每天的生活中，对我们来说是那样熟悉，又是那样平常，以至于我们很少思考过它们的结构和特征。当我们面对处理和操作时空信息的信息系统时，需要将空间和时间表达为清晰和易于理解的模型。以下几节讲述了在西方哲学和物理学中，空间和时间的概念是如何发展的。本文将按照三个时期的划分讨论：①前牛顿时期的概念；②牛顿时期的古典概念；③现代概念。

1.2.1 空间和时间的前牛顿时期概念

在这个时期，空间和时间的概念主要由古希腊哲学家的思想所主导，主要是关于物质变化的逻辑条件以及变化发生所在的世界结构的思考。

以弗所（位于土耳其西部，小亚细亚古城）的赫拉克利特（前 544—前 483）研究“变化”的问题，即一个物质变化后，怎样才能让它的标签保留下来？他指出，一切都是变化的，没有什么是不变的，唯一真正存在的是变化（过程）。“一切都在流动，没有什么是静止的”和“人不能两次踏进同一条河流”这两句话都出自他。

在大约同一时期，埃利亚（意大利南部的沿岸城市）的巴门尼德（前 6 世纪末期或前 5 世纪初期）发展了一套完全相反的、认为虚无并不存在的哲学思想。他（通过演绎推理）假设变化是不存在的，真实世界（真实存在）是密实的（一个坚实完整的存在）、永恒的、没有变化的、不朽的，虚无（或虚空，即某个不存在的物质）不存在。我们认知的变化是我们感受的幻觉。巴门尼德的思想被他的学生，埃利亚的芝诺（前 490—前 425）进一步发展和“证明”了。

芝诺有一个著名“证明”，认为变化和运动不可能存在，就像阿基里斯（荷马史诗《伊利亚特》中描绘的特洛伊战争第十年参战的半神英雄）和乌龟的赛跑一样，根本就不存在。假定在一条直线上从后向前依次有 A、B、C 等无数个点。乌龟先发制人，从 B 点开始向前移动，而阿基里斯从 A 点开始向前移动。当阿基里斯到达 B 点时，乌龟已经移动到 C 点。当阿基里斯到达 C 点时，乌龟又已经移动到另一点，以此类推。乌龟的领先部分越来越小，但无穷无尽。我们得到无穷多的（越来越小的）领先部分。

芝诺是这样论辩的：为了赶上乌龟，阿基里斯必须跑无穷多个（有限长度）的小步；而要让阿基里斯跑无穷多的小步是不可能的，因为阿基里斯必须要跑无穷远（或永远）。因此，阿基里斯不可能追上乌龟[①]。因为我们可以轻易地追上一只乌龟，当我们与它赛跑时，我们就陷入了一个悖论。这就证明了移动和变化是真实的，导致与理论产生矛盾。因此，移动和变化是不可能存在的。

德谟克利特（前 460—前 370）不接受巴门尼德的“变化不存在”假设。他认为空间是一种绝对的和空的实体，它的存在独立于填充该空间的原子。原子是不可分割的真实物质；它们是永恒的和不变的，具有不同的大小和质量。原

① 这个悖论的解决答案在于无穷数列可以收敛于一个有限值的事实，即在我们的例子中，这个值就是阿基里斯超过乌龟的点。这个数学结论，一直到 17 世纪还是未知的。

子内部没有空隙，它是一个密实空间。物体是由原子组成的。原子论的重要性在今天的现代粒子物理学中是显而易见的。

古希腊数学被毕达哥拉斯的数论学说所主导。本质上，它是基于数字、计数和数字之间比率（哲学）性质的算术。无理数的发现，如 $\sqrt{2}$（单位正方形的对角线长度）动摇了基于自然单位计数的古希腊数学的基础。对世界的真正几何描述的需求变得显而易见。

伟大的哲学家柏拉图（前 427 — 前 347）和他学校的另一位成员欧几里得（前 330 — 前 275）为真实世界的新几何建模奠定了基础。他们的几何模型基于被称为柏拉图固体的对称几何固体（即几何正多面体，柏拉图证明了这种正多面体只可能有 5 种）。他们认为物质由土、气、火和水四种元素组成。每种元素都是由粒子，即固体构成的，如图 1.1 所示。

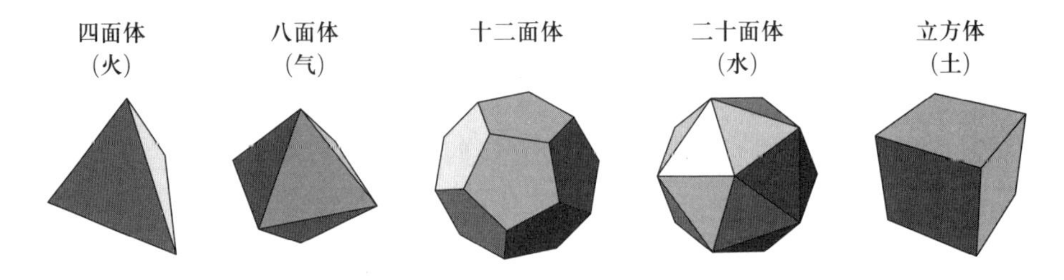

图 1.1　柏拉图固体是构成物质的积木块

在《几何原本》一书中，欧几里得发展了一种直到 19 世纪末还被认为是正确的几何数学理论。欧几里得几何学起初被认为是对我们物理世界的真实描述，直到后来人们发现许多一致的几何系统是可能存在的，其中一些是非欧几里得的，几何学不是对世界的描述，而是另一个没有必要参考真实世界现象的形式数学系统。

1.2.2　空间和时间的古典概念

从古希腊时期到现代科学兴起的这段时间，亚里士多德（前 384 — 前 322）的哲学和教育思想占据了主导地位。根据他的观点，空的空间是不存在的，时间是衡量早和晚的尺度。空间被定义为周围物体对被包围物体的限制。

依据这个理论，空间可以用两种可能的方式来概念化：

- 绝对空间：空间是位置的集合。空间是一个绝对真实的要素，是所有事物的容器。它的结构是固定和不可变的。总体上，绝对空间被认为就是欧几里得几何中描述的空间。

- 相对空间：空间是一个关系系统。它是所有物质事物的集合，关系从它们中抽象出来。空间是事物的属性，或者事物有空间属性。

现代科学兴起于 16—17 世纪，成形于尼古拉・哥白尼（1473—1543）（日心说认为太阳是太阳系的中心）、约翰尼斯・开普勒（1572—1630）（日心说的数学基础）和伽利略・伽利雷（1564—1642）（力学基础）的成果中。

艾萨克・牛顿（1643—1727）是一位杰出的科学家（动力学理论）和哲学家。在他的哲学中，他是绝对空间概念的坚决拥护者，尽管这与他的动力学理论完全矛盾。直到 19 世纪末，绝对空间的概念始终占据着主导地位。

与之相反，戈特弗里德・威廉・莱布尼茨（1646—1716）支持相对空间的概念。对他来说，空间是事物之间关系的系统。有趣的是，牛顿和莱布尼茨都是数学微积分的奠基人。

最伟大的哲学家之一，伊曼努尔・康德（1724—1804）声称：空间和时间不是经验性的物理对象或事件，它们只是先验的真实直觉，不是由经验发展而来的，而是被我们用来对真实世界的观察进行联系和排序的；空间和时间是经验存在（它们是绝对的和先验的）和先验唯心主义（它们属于我们的事物概念，但不是事物的一部分），我们对此一无所知。在这方面，康德可以被视为绝对空间的倡导者，但其方式却远比以往的哲学方法更精细和巧妙。

1.2.3 空间和时间的现代概念

现代物理学（场论、相对论、量子论）和数学（非欧几里得几何学）的发展，使我们得到结论：传统的欧几里得几何学（描述我们感知的三维空间）只是对世界真实本质的一种近似。

由迈克尔・法拉第（1791—1867）和詹姆斯・克拉克・麦克斯韦（1831—1879）提出的场论导致了“空间不是空的，而是充满能量的”假设。因此，这些理论有力地支持了空间的物质存在。

基于阿尔伯特・爱因斯坦（1879—1955）的狭义相对论和广义相对论，空间和时间不能再被视为两个独立的要素。我们谈到时空，它被认为是一个只有非欧几里得几何才能描述的四维空间。量子力学阐述了不确定性原理以及物质和能量的离散性。很显然，我们感知的空间并不一定与微观（亚原子）空间或宇宙维度的空间相同。

1.2.4 空间信息系统中的空间和时间概念

空间信息总是与地理空间（即大尺度空间）有关。地理空间是人体所在的空间，代表周围地理世界的空间。在这样的空间中，我们四处移动，在其中导航，并以不同的方式对其进行概念化。自然地理空间是指具有地形、地籍和地理世界其他特征的空间。地理信息系统技术用于处理地理空间中的物体，从空间事实中获取知识。

人类对空间的理解会受语言和文化背景的影响，这对我们如何设计和使用处理空间数据的工具起着重要的作用。正如空间信息总是与地理空间有关一样，它也与我们周围不断变化的地理世界中观察到的时间效应有关。我们对时间或时空的纯粹哲学或物理学思考不太感兴趣，而更感兴趣的是可以在信息系统中描述、测量和存储的可观测时空效应。

1.3 真实世界和它的模型

如前几节所述，我们总是在大脑中创建真实世界的模型。当我们想要获取、存储、分析、可视化和交换关于真实世界的信息时，使用的不仅仅是人际交流的媒介和手段。我们需要思维模型的表示，即真实世界的模型，这些模型可用于获取、存储、分析和传输有关真实世界数据的信息。

按照历史顺序，这些模型中最常见的是地图和数据库。两者都有明显的特点、优势和劣势。地图通常被用来描绘真实世界的现象，而数据库则可以用来表示真实世界和虚拟世界。

真实世界是我们感知的现实的子集。虚拟世界是计算机生成的“现实”，它们只是一种潜在对象，在真实世界中没有对应物。然而，我们可以将它们可视化，浏览它们，并将它们视为“真实的”（因此称为虚拟现实）。真实世界模型和虚拟世界模型在表现形式上没有区别。唯一的区别是，前者是存在于真实世界的事物的模型，后者是只存在于虚拟（物理上不存在）世界的事物的模型。

1.3.1 地图

真实世界最著名（传统）的模型是地图。地图被用来表示真实世界的信息已经有几千年的历史。众所周知，美索不达米亚、埃及和中国对地图的使用贯穿罗马时代、中世纪和现代。在现代，它们通常被画在纸上或其他永久性材料上，起着数据存储和可视媒介的作用。它们的构思和设计已经发展成为一门科学和艺术，具有高度的科学性和艺术性。地图已经在许多领域的应用中被证明是真实世界的非常有用的模型。

然而，地图是二维（平面）和静态的，没有时间域和空间域的充分抽象，三维动态特征的可视化不容易实现。这里我们所说的地图指的是地形图和专题图。其他不是地图的制图产品通常用来表示三维和动态现象，例如方块图、动画和全景图。

地图的一个缺点是它们局限于二维静态表示，而且总是显示在一个给定的比例尺上。地图比例尺决定了图形特征表示的空间分辨率。比例尺越小，地图显示的细节就越少。同时，原始数据的准确性限制了一幅地图能被绘制的比例。选择合适的地图比例尺是地图设计中首要和最重要的步骤。

地图总是通过在一定的细节层次上的图形来表示，这是由比例尺决定的。从一个详细的表达中得到不太详细的表达的过程称为地图综合（或制图综合）。地图有物理边界，跨越不同地图的要素必须被分割成若干部分。

计算机在制图中的应用是现代制图的一个组成部分，地图的作用也相应地发生了改变。越来越多的地图失去了数据存储的作用（这个角色被数据库接管），仅仅保留了可视化功能。

1.3.2 数据库

空间数据库存储真实世界中空间现象的表达，以便在地理信息系统中使用。它们也被称为地理信息系统数据库或地理数据库。在数据库的设计中，我们区分不同级别的定义。一个特定级别的完整数据库定义称为数据库模式。

空间数据库模式设计的假设是空间现象存在于二维或三维欧氏空间中。所有现象之间都有各种各样的关系，并具有空间（几何）、主题和时间属性。根据数据库的用途，各种现象被分类到专题层。这通常由数据库的限定来描述，例如地籍、地形、土地利用或土壤数据库。

空间现象（即空间特征）的表达以无尺度和无缝的方式存储。无尺度意味着所有坐标都是世界坐标，其单位通常就是真实世界中参考地物的单位（地理坐标、米、英尺）。这样，计算就变得很容易，可视化可以选择任何（有用的）比例尺。

但是，必须注意的是，当把地图作为数据源获取数据时，比例尺起着重要作用。源地图的比例尺决定了数据库中地物坐标的精度。同样，实地测量中度量的准确性决定了数据的质量。无缝数据库不显示图幅边界或地理空间的其他分区，除非空间地物本身要求显示分区。

数据库能够非常方便地查询和组合不同层的数据（空间连接或叠置）。时空数据库不仅考虑所表达地物的空间和主题范围，还会考虑其时间范围。各种空间、时间和时空数据模型已经得到了广泛应用。

1.3.3 真实世界模型中的空间和时间

在现代物理学中，根据狭义相对论和广义相对论，用时空来表达空间和时间之间存在的紧密联系是很常见的。在这里，我们不考虑空间和时间的物理特性，而是关注在 GIS 数据库中表示空间现象的（简化）方法。

一般来说，建模可以看成是创建一个从定义域到值域的结构保持映射（态射）。在我们的例子中，定义域是真实世界，而值域是真实世界模型。这种映射通常会创建与原始世界对应的“较小”（即抽象的、广义的）映像。结构保持意味着值域元素（空间地物）的行为方式与定义域元素（空间现象）相同（不过是进行简化或抽象后的）。图 1.2 说明了空间建模的原理。

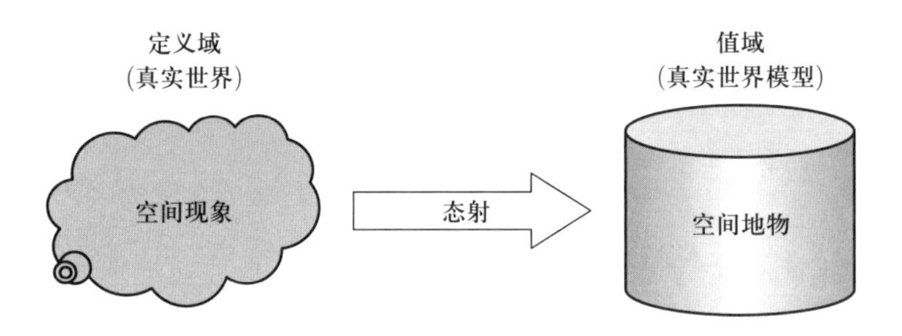

图 1.2 空间建模是从真实世界到空间模型的结构保持映射

如上所述，我们认为空间是常识中的三维欧几里得空间。所有的现象都存在于这个空间中并经历着变化，即我们所理解的时间流逝。在这个意义上，时间被间接地建模为特征（空间或专题）属性的变化。

我们将同时考虑时间的空间数据模型称为时空数据模型。有时这样一个模型被认为是四维的，给人的印象是，时间是除了三个空间维度之外的第四个维度。然而，我们最好将这种模型称为时空的，而不是四维的。首先，时间与空间维度不是同一类型，它有着明显不同的性质。其次，“四维”一词只有在我们总是考虑三个空间维度时才有意义。然而，在大多数情况下，空间数据模型只考虑二维。

1.4 真实世界模型和表达

空间数据库保存着真实世界的数字表示。空间数据库的地物空间是一个几何空间，在这个空间中，我们对地物进行各个细节级别的建模。一个好的数据模型应该允许空间特征的多种表示。将表示从详细版本转换为不太详细的版本称为模型综合。模型综合与制图综合不同。在制图综合中，小比例尺的图形表示（数字或模拟）是仅仅在某些图形约束下从大比例尺的数据集或地图导出的。

数据库创建的过程分为两个步骤。第一步，通过定义一个数据库模式来设计数据库，在数据库模式中只定义数据类型而不关注数据本身。第二步，向数据库中填充真实数据。我们特别感兴趣的是几何空间在某些变换方式下保持不变的性质。这对于保证数据库中地物的一致性表达非常重要。这些性质与拓扑有关。

一些地物在其专题或空间维度上具有一定程度的不确定性。例如，土壤类型没有清晰的边界；语言表达具有模糊性或不确定性，如“中等坡度”或“靠近维也纳”往往是一个更好的分类方法，而不是明确的分类界限。我们必须设计适当的方法来处理空间数据模型中的这些不确定性。对此，模糊逻辑提供了对应的工具。

同时，空间数据不仅存在于空间中，还存在于时间中，因此数据模型必须能够处理具有时间特性的空间数据。目前已有几种代表性的时空数据模型问世。

1.4.1 空间数据模型

我们将主要的空间数据模型分为两种：基于场的数据模型和基于对象的数据模型。基于场的数据模型认为空间现象是连续的，在空间的每个位置点上都可以确定场的对应值，例如温度、大气压和海拔。基于对象的数据模型认为空间是由可区分的、离散的、有界的对象进行填充的，对象之间的空间可能是空白的，例如地块和建筑物等可清晰辨认界限的地籍对象。

场与对象可以看作哲学概念中密实空间与原子空间（见第 1.2.1 节）的一种体现，也可以看作现代物理学中波与粒子的一种类比（见第 1.2.3 节）。在地理信息系统中，场通常用镶嵌方法（通常是栅格或网格）实现，对象通常用（拓扑）矢量方法实现。以下各节将简要说明两种不同的模型类型。

1.4.1.1 基于场的数据模型

基于场的数据模型，其底层空间通常被视为二维或三维欧氏空间。场是一个可计算的函数，即某个几何边界内的位置（在 2D 或 3D 中）集合到某个属性域的映射表达。可计算性意味着几何边界内的每个位置，都可以通过测量或计算来确定对应值。基于场的数据模型是由有限的场组成的集合。

场可以是离散的、连续的和可微的。离散场表示地物存在边界；连续场用于表达基本函数连续的特征，例如温度、大气压和高程。如果一个场函数是可微的，则我们可以计算诸如高程场在每个位置的坡度。

虽然有几何边界，但场的定义域仍然是一个拥有无限多个位置的集合，而计算机不能表示无限多个位置对应的场值。因此，我们必须使用近似表达进行替代。近似表达的标准方法是通过把几何边界内的空间分割成规则或不规则的镶嵌进行有限的表达，这些镶嵌由正方形（立方体）或三角形（四面体）组成，而这些单独的部分称为地点。地理信息系统中地点的表示形式可以是栅格或格网单元（像素或体素）。

要使用基于场的数据模型表示空间地物，我们必须执行以下步骤：

(1) 为底层空间定义或选择合适的模型（镶嵌）；

(2) 为属性找到合适的域；

(3) 在镶嵌的地点对现象进行采样，构建空间场函数；

(4) 执行分析，即计算空间场函数。

1.4.1.2 基于对象的数据模型

基于对象的数据模型将底层空间分解为可识别、可描述的对象，这些对象具有空间、主题和时间属性并包含属性之间的关系，而对象外部的空间是空白的。对象的例子有建筑物、城市、城镇、街区和国家；属性的例子有建筑楼层数、城市人口、城镇街区边界和国家面积。

在 GIS 数据库的具体实现中，对象在几何、主题和拓扑约束下表示为几何图元（点、线、多边形和体积）的结构化数据集合。

基于对象的数据模型是离散模型。模型的操作总是针对单个对象或对象集合，操作可以在空间、主题、拓扑或时间域上进行。相应地，对象通过几何操作、属性操作或拓扑操作来实现关联。

拓扑在基于对象的数据模型中起着重要作用。正是这种“语言”让我们为空间数据库规定和实施一致性约束。大多数基于对象的数据模型是二维的，最近，三维的数据模型开始引入，而三维的拓扑结构比标准的二维结构更难处理。

1.4.2 时空数据模型

除了具有几何、主题和拓扑性质外，空间数据还具有时间特性。例如，知道一块土地 1980 年的所有者是谁，或者了解某个地块的土地使用在过去 20 年中是如何变化的，可能很有意思。

时空数据模型是能够处理空间数据中时间信息的数据模型。学者们已经提出了一些模型。我们将简要讨论其中最重要的几个代表性模型。在描述时空数据模型的主要特征之前，我们需要一个框架来描述时间本身的性质。时间可以根据以下性质来表征：

时间密度。时间可以是离散的，也可以是连续的。离散时间由离散元素（秒、分、时、日、月和年）组成。而在连续时间里，任意两个时间点之间，总存在另一个时间点。我们也可以通过事件（时间点）或状态（时间间隔）来构造时间。当我们用节点（事件）所限定的区间来表示状态时，就可以导出事件和状态之间的时间关系，例如“在……之前”“重叠”“在……之后”等。

时间维。有效时间（或世界时间）指的是事件真正发生的时间。事务时间（或数据库时间）指的是将事件记录到数据库中的时间。

时间序。时间可以是线性的，从过去延伸到现在，再到未来。我们知道时间也有分支（从某个时间点开始向前的可能场景）和循环（就像季节或者一周中的天那样重复）。

时间测度。数据库支持的最短的不可分解的时间单位（例如毫秒）称为时间量子。物体的寿命是用有限个时间量子来衡量的。粒度指的是数据库中时间值的精度（例如年、月、日、秒等）。不同的应用程序需要不同的粒度，例如在地籍应用中，时间粒度可以是一天；而在地质填图应用中，时间粒度更可能是几千年。

时间参考系。时间可以表示为绝对时间（固定时间）或相对时间（隐含时间）。绝对时间记录事件发生在时间轴上的节点（例如 1999 年 7 月 6 日下午 11:15）。相对时间是相对于其他时间点（例如，“昨天”“去年”“明天”，它们都是相对于“现在”；或“两周后”，可能是相对于时间轴上的任意一个节点）来表示的。

在时空数据模型中，我们要考虑空间和主题属性随时间的变化状况。在数据分析中，我们可以保持空间域固定，只查看空间中给定位置的属性随时间的变化结果。例如，我们感兴趣的是，给定位置的土地覆盖是如何随时间变化的，或者给定地块的土地利用是如何随时间变化的，前提是其边界没有变化。

同时，我们可以保持属性域不变，考虑给定主题属性随时间的空间变化状况。在这种情况下，我们可能有兴趣看看在给定的时间段内哪些地点被森林覆盖。

此外，我们可以假设空间和属性域同时可变，进而考虑对象随时间的变化状况。这实际上产生了物体运动的概念，是一个研究学科，例如在交通控制、移动电话、野生动物跟踪、疾病控制和天气预报方面的具体应用。在这里，对象标识的问题变得明显。如什么时候一个变化或运动会导致一个物体消失并成为一个新的物体？下面，我们将介绍一些具有代表性的时空数据模型及其主要特点。

1.4.2.1 时空立方体模型

时空立方体模型以二维空间（由 x 轴和 y 轴扩展而成）为基础，其地物随时间延伸（沿 z 轴）留下轨迹，从而建立了时空立方体。物体在时间中的变化过程在时空立方体中形成了一条类似蠕虫的轨迹。该模型可支持绝对、连续、线性、分支和循环时间，但只支持世界时间。该模型的属性域可保持固定，而空间域可变。

1.4.2.2 快照模型

在快照模型中，同一主题的各个层级带有时间戳。针对我们要考虑的每个时间节点，我们都要存储一个层级标识并赋予其时间属性。快照模型支持线性、绝对和离散时间，但只支持世界时间，同时支持多粒度表达。该模型的空间域是固定的（基于字段），而属性域是可变的。

1.4.2.3 时空复合模型

时空复合模型在给定的开始时间从二维情况（平面或层）开始地物表达。此后发生的每个地物变化状态都将投影到初始平面上，并与现有地物相交，从而创建可增量扩展的多边形网格。网格中的每个多边形都存储有其属性的历史记录。时空复合模型可支持线性、离散和相对时间，同时支持世界时间和事务时间，并支持多粒度表达。该模型保持固定的属性域，而空间域是可变的。

1.4.2.4 基于事件的模型

在基于事件的模型中，我们从初始状态开始，并沿时间线记录事件（变化）。每当发生变化时，都会记录一个条目。这是一个主要以时间属性为基础的模型，空间属性域和主题属性域是时间的从属。该模型支持离散、线性和相对时间，但只支持世界时间，并支持多粒度表达。

1.4.2.5 时空对象模型

该模型基于时空对象进行地物表达，即时空原子的复合体。对象和原子都有空间和时间范围。该模型支持离散、绝对和线性时间，并同时支持世界时间、事务时间和多粒度表达。

1.5 小　　结

地理信息系统用于处理空间数据，并从数据库中获取空间数据信息。要使用这些系统，我们需要空间数据模型作为数据库设计的框架。这些模型能够表达真实世界现象的空间、主题和时间维度。而理解源于哲学、物理学和数学的空间和时间的基本概念是开发和使用空间数据模型的必要前提。

目前存在两种主要的空间数据建模方法：模拟地图法和空间数据库。如今，地图作为数据存储（数据库）的功能逐渐被空间数据库所取代。在空间数据库中，我们存储真实世界现象的表达信息。这些表达信息是根据选定的空间数据模型进行的抽象描述。我们知道两种基本的空间数据建模方法，包括基于场的模型和基于对象的模型。对于特定的应用来说，两者各有其优缺点。

一致性是对每个空间数据模型的重要要求。拓扑为我们提供了数学工具来定义和实施空间数据库的一致性约束，并为空间对象之间的空间关系提供一个形式化框架。

空间数据不仅具有空间属性和主题属性，而且还可以扩展到时间域。空间信息的时间模型是所有空间数据模型的重要组成部分，因此产生了时空数据模型的概念。

第 2 章

命题逻辑

命题逻辑处理非真即假的断言或陈述，并处理用于组合它们的运算符，这样的陈述称为命题。不能确定真假的任何其他陈述都不是命题逻辑的内容。本章通过引入命题、命题变量、命题式和逻辑运算符的概念来解释命题逻辑的原理，同时还介绍了自然语言陈述转化为命题的过程，以及利用真值表建立命题真值表达的过程。

2.1　断言和命题

命题逻辑处理非真即假的陈述。这里，我们只讨论二值逻辑。这是数学学科赖以建立与用来计算的主要逻辑（一个位只能假设两种状态，开或关，1 或 0）。

定义 2.1 (**断言和命题**)　断言是一个陈述。如果一个断言可以是真或假，但不能同时亦真亦假[①]，我们称之为命题。如果一个命题是真的，则它的真值为真；如果它是假的，则它的真值为假。真值通常写为“true”“false”，或 T、F，或 1、0。在下面的章节中，我们使用 1 和 0 表示真值。

例 2.1　下面的陈述说明了断言、命题和真值的概念。下面的断言是命题：

(1)“天下雨了。”

(2)“我通过了考试。”

(3)“3 加 4 等于 8。”

(4)“3 是一个奇数。”

① 我们把断言非真即假的逻辑称为二值逻辑。二值逻辑的特征是排中律。

(5) “7 是一个素数[①]。”

断言 (1) 和 (2) 可以是真或假。命题 (3) 是假的，命题 (4) 和 (5) 是真的。而下面的陈述不是命题：

(6) “你在家吗？”

(7) “走电梯！”

(8) “$x + y < 12$。”

(9) “$x = 6$。”

其中 (6) 和 (7) 不是断言（它们分别是提问和命令），因此它们不是命题。(8) 和 (9) 是断言，但不是命题。它们的真值依赖于变量 x 和 y 的赋值。只有当我们用一些值代替这些变量时，这类断言才称为命题。

通常，在表达断言的时候必须具有更强的通用性。为此，我们用命题变量和命题式来进行表达。

定义 2.2 (**命题变量**) 命题变量是真值未指定的任意命题。我们用大写字母 $P, Q, R, \cdots$ 来表示命题变量。

我们可以用与（and）、或（or）、非（not）等词来对命题和命题变量进行组合以形成新的断言。

例 2.2 “啤酒是好的，水没有味道”是“啤酒是好的”和“水没有味道”两个命题用“与”连接的组合。“P or not Q”是命题变量 P 和 Q 用连接词“或”和“非”得到的组合。

2.2 逻辑运算符

在上面的例子中，P 和 Q 称为操作数，“与”“或”和“非”是逻辑运算符或逻辑连接词。像“非”这样只对一个操作数操作的运算符称为一元运算符；那些如“与”和“或”等对两个操作数操作的运算符称为二元运算符。

定义 2.3 (**命题式**) 命题式是至少包含一个命题变量的断言，我们用大写希腊字母来表示命题式，即 $\Phi(P, Q, \cdots)$。

当我们用命题代替一个命题式中的命题变量时，我们得到一个命题。当我们用逻辑连接词从现有命题中推导出新命题时，新命题的真值取决于现有命题的逻辑连接词和真值。

---

① 素数是只能被 1 和其本身整除的自然数。

例 2.3 设 P 代表“维也纳是奥地利的首都”，Q 代表“2 是奇数”，则例 2.2 中的命题式“P or not Q”变成“维也纳是奥地利的首都或 2 不是奇数”。

逻辑运算符用于组合命题或命题变量。表 2.1 是常见的逻辑运算符。

表 2.1 常见的逻辑运算符

逻辑连接词	符号	读作或者写作
合取	$\wedge$	与（and）
析取	$\vee$	或（or）
异或	$\oplus$	要么……或者……，但不同时成立 (either $\cdots$ or $\cdots$, but not both)
非	$\neg$	非（not）
蕴含	$\Rightarrow$	蕴含，如果……那么…… (implies, if $\cdots$ then $\cdots$)
等价	$\Leftrightarrow$	等价，……当且仅当…… (equivalent, $\cdots$ if and only if $\cdots$, iff*)

* “iff”是“if and only if”的简写，往往只在数学课本中使用这种写法。

要判断命题组合语句的真值，我们需要查看操作数的真值的所有可能的组合。这可以通过使用每个操作定义的真值表来完成。表 2.2 显示了常见逻辑运算符的真值表，其中符号“0”表示假，“1”表示真。

“非”是一种一元运算符，即它只应用于一个操作数，并改变一个命题的真值。其他运算符应用于两个操作数。只有当两个操作数都为真时，“合取”（或逻辑与）才为真。当至少有一个操作数为真时，“析取”（或 inclusive or，包含或）为真。只有当一个或另一个操作数为真，而不同时为真时，“异或”才为真。

当我们使用“或”时，我们并不明确表示我们指的是“包含或”还是“排除或”，通常根据分析的情境决定。但在数学表达中，不能这样做。因此，命题组合必须区分“包含或”和“排除或”（异或）。

在“我上班或我累了”的陈述中，连接词“或”是一个“包含或”，指的是我可以去上班，我同时可以很累。然而，当我们说“我活着或我死了”的时候，我们显然是指一个“排除或”，一个人不可能同时活着与死了①。

在蕴含命题 $P \Rightarrow Q$ 中，我们称 P 为前提、假设或前件，称 Q 为结论或结果。“蕴含”还可以用以下不同的方式表示：

① 我们在这里排除在恐怖电影中经常出现的僵尸（活死人）状态的可能性。

表 2.2 常见逻辑运算符的真值表

合取			析取			异或		
P	Q	$P \wedge Q$	P	Q	$P \vee Q$	P	Q	$P \oplus Q$
0	0	0	0	0	0	0	0	0
0	1	0	0	1	1	0	1	1
1	0	0	1	0	1	1	0	1
1	1	1	1	1	1	1	1	0

非		蕴含			等价		
P	$\neg P$	P	Q	$P \Rightarrow Q$	P	Q	$P \Leftrightarrow Q$
0	1	0	0	1	0	0	1
1	0	0	1	1	0	1	0
		1	0	0	1	0	0
		1	1	1	1	1	1

“如果 P 成立，那 Q 就成立。”
“P 成立蕴含 Q 成立。”
“P 成立是 Q 成立的充分条件。”
“Q 成立，如果 P 成立。”
“Q 成立服从 P 成立。”
“Q 成立，只要 P 成立。”
“Q 成立是 P 成立的逻辑结果。”
“Q 成立，只要任何时候 P 成立。”

如果 $P \Rightarrow Q$ 是一个蕴含命题，则 $Q \Rightarrow P$ 称为逆命题，$\neg Q \Rightarrow \neg P$ 称为逆否命题。

例 2.4 让我们考虑蕴含命题“如果下雨，我就会淋湿”。这个蕴含命题的逆命题就是“如果我淋湿了，就说明下雨了”，其逆否命题则为“如果我没有淋湿，就说明没有下雨”。

在自然语言中,蕴含命题表达了前提和结论之间的因果关系或内在联系。“如果下雨，我就会淋湿”这个陈述清楚地说明了下雨和淋湿之间的因果关系。

在命题逻辑中，蕴含命题的前提和结论之间不需要任何关系。我们必须牢记这一点，以免被某些命题所迷惑。

例 2.5 让我们把 P 取为“月球比地球大”，把 Q 取为“太阳是热的”。“如果月球比地球大，那么太阳是热的”这个蕴含命题是真的，尽管这两个命题之间没有任何关系。因为 P 是假的，Q 是真的，所以这个蕴含命题是真的。根据蕴含运算的真值表，任何陈述（不管是真的还是假的）都可以从假命题中得到。

两个具有相同真值的命题称为逻辑等价，记为 $P \Leftrightarrow Q$。$P \Leftrightarrow Q$ 可以有各种不同的解读：

“P 与 Q 等价。”

“P 是 Q 的充分必要条件。”

“当且仅当 Q 成立时，P 成立。”

逻辑运算符的真值表可用于确定任意命题式的真值。当命题式中有 n 个命题变量时，我们就要研究 2^n 个可能的真与假的组合。

例 2.6 命题式 $\neg(P \wedge \neg Q)$ 的真值表可以构造为

P	Q	$\neg Q$	$P \wedge \neg Q$	$\neg(P \wedge \neg Q)$
0	0	1	0	1
0	1	0	0	1
1	0	1	1	0
1	1	0	0	1

可以看到，当有 2 个命题变量时，我们就有 4 种不同情况的命题要研究。

2.3 命题式的类型

在命题逻辑中，有一些特殊例子。在一些例子中，不管这些命题变量的真值是什么，一个命题式的真值总是真，或者总是假。

定义 2.4 (重言式、矛盾式、偶然式) 一种命题式，不管其命题变量的所有可能的真值是什么，其真值都是真的，称为重言式（永真式）。矛盾式（或荒谬式，永假式）是一种总是假的命题式。既不是重言式也不是矛盾式的命题式称为偶然式（可满足式）。

以下例子说明重言式、矛盾式和偶然式的概念。

例 2.7 命题式 $(P \wedge Q) \Rightarrow P$ 是重言式。

P	Q	$P \wedge Q$	$(P \wedge Q) \Rightarrow P$
0	0	0	1
0	1	0	1
1	0	0	1
1	1	1	1

例 2.8 命题式 $P \wedge \neg P$ 是矛盾式。

P	$\neg P$	$P \wedge \neg P$
0	1	0
1	0	0

这一命题式符合矛盾律，即事物不能同时是真和假。逻辑的另一个基本法则是排除中间法则（在拉丁语中也称为“tertium non datur”，指“没有第三个选项”）或者 $P \vee \neg P$，即某事物只能是真或假，除此之外没有其他任何中间状态。

例 2.9 命题式 $(P \vee \neg Q) \Rightarrow Q$ 是偶然式。

P	Q	$\neg Q$	$P \vee \neg Q$	$(P \vee \neg Q) \Rightarrow Q$
0	0	1	1	0
0	1	0	0	1
1	0	1	1	0
1	1	0	1	1

定义 2.5 (逻辑恒等式) 对于两个命题式 $\Phi(P, Q, R, \cdots)$ 和 $\Psi(P, Q, R, \cdots)$，如果它们的真值表是相同的，或当等价式 $\Phi(P, Q, R, \cdots) \Leftrightarrow \Psi(P, Q, R, \cdots)$ 是一个重言式时，称它们为逻辑等价。这种等价式也称为逻辑恒等式。

我们可以用一个命题式的等价式来代替它，以此来简化逻辑表达式。表 2.3 列出了最重要的几类逻辑恒等式。

在表 2.3 中，1 和 0 分别表示始终为真或始终为假的命题。恒等式 (18) 让我们可以用“非和析取”来代替蕴含式。等价性可以用蕴含式通过恒等式 (19) 代替。恒等式 (7) 和 (8)（德 • 摩根定律）允许用“析取”替换“合取”，反之亦然。所有的恒等式都可以通过构建它们的真值表来证明，而真值表的构建则是基于表 2.2 所列逻辑运算符的真值表。

表 2.3 逻辑恒等式

序号	逻辑恒等式	名称
(1)	$P \Leftrightarrow (P \vee P)$	$\vee$ 的幂等性
(2)	$P \Leftrightarrow (P \wedge P)$	$\wedge$ 的幂等性
(3)	$(P \vee Q) \Leftrightarrow (Q \vee P)$	$\vee$ 的交换性
(4)	$(P \wedge Q) \Leftrightarrow (Q \wedge P)$	$\wedge$ 的交换性
(5)	$[(P \vee Q) \vee R] \Leftrightarrow [P \vee (Q \vee R)]$	$\vee$ 的结合性
(6)	$[(P \wedge Q) \wedge R] \Leftrightarrow [P \wedge (Q \wedge R)]$	$\wedge$ 的结合性
(7)	$\neg(P \vee Q) \Leftrightarrow (\neg P \wedge \neg Q)$	德 • 摩根定律
(8)	$\neg(P \wedge Q) \Leftrightarrow (\neg P \vee \neg Q)$	
(9)	$[P \wedge (Q \vee R)] \Leftrightarrow [(P \wedge Q) \vee (P \wedge R)]$	$\wedge$ 对 $\vee$ 的分布性
(10)	$[P \vee (Q \wedge R)] \Leftrightarrow [(P \vee Q) \wedge (P \vee R)]$	$\vee$ 对 $\wedge$ 的分布性
(11)	$(P \vee 1) \Leftrightarrow 1$	
(12)	$(P \wedge 1) \Leftrightarrow P$	
(13)	$(P \vee 0) \Leftrightarrow P$	
(14)	$(P \wedge 0) \Leftrightarrow 0$	
(15)	$(P \vee \neg P) \Leftrightarrow 1$	排中律
(16)	$(P \wedge \neg P) \Leftrightarrow 0$	矛盾律
(17)	$P \Leftrightarrow \neg(\neg P)$	双重否定
(18)	$(P \Rightarrow Q) \Leftrightarrow (\neg P \vee Q)$	蕴含
(19)	$(P \Leftrightarrow Q) \Leftrightarrow [(P \Rightarrow Q) \wedge (Q \Rightarrow P)]$	等价
(20)	$[(P \wedge Q) \Rightarrow R] \Leftrightarrow [P \Rightarrow (Q \Rightarrow R)]$	
(21)	$[(P \Rightarrow Q) \wedge (P \Rightarrow \neg Q)] \Leftrightarrow \neg P$	荒谬论
(22)	$(P \Rightarrow Q) \Leftrightarrow (\neg Q \Rightarrow \neg P)$	对换律

例 2.10 简化命题式：$\neg(\neg P \Rightarrow \neg Q)$。

右边括号的数字表示应用到的简化这个命题式的恒等式：

$$\neg(\neg P \Rightarrow \neg Q) \quad (22)$$
$$\neg(Q \Rightarrow P) \quad (18)$$
$$\neg(\neg Q \vee P) \quad (7)$$
$$\neg\neg Q \wedge \neg P \quad (17)$$
$$Q \wedge \neg P \quad (4)$$
$$\neg P \wedge Q$$

很多有用的重言式是蕴含式，表 2.4 列出了最重要的重言式。这些蕴含式中的一部分可以对应后面将会讨论到的推理（或逻辑规则）。

表 2.4 逻辑蕴含式

序号	逻辑蕴含式	名称
(1)	$P \Rightarrow (P \vee Q)$	加法
(2)	$(P \wedge Q) \Rightarrow P$	简化
(3)	$[P \wedge (P \Rightarrow Q)] \Rightarrow Q$	假言推理
(4)	$[(P \Rightarrow Q) \wedge \neg Q] \Rightarrow \neg P$	否定后件推理
(5)	$[\neg P \wedge (P \vee Q)] \Rightarrow Q$	析取三段论
(6)	$[(P \Rightarrow Q) \wedge (Q \Rightarrow R)] \Rightarrow (P \Rightarrow R)$	假设三段论
(7)	$(P \Rightarrow Q) \Rightarrow [(Q \Rightarrow R) \Rightarrow (P \Rightarrow R)]$	
(8)	$[(P \Rightarrow Q) \wedge (R \Rightarrow S)] \Rightarrow [(P \wedge R) \Rightarrow (Q \wedge S)]$	
(9)	$[(P \Leftrightarrow Q) \wedge (Q \Leftrightarrow R)] \Rightarrow (P \Leftrightarrow R)$	

2.4 在 GIS 中的应用

在 GIS 应用中，我们发现逻辑运算符号主要用于空间分析和数据库查询。图 2.1 显示的是 ArcGIS Pro Spatial Analyst 中的栅格计算器工具界面及其逻辑连接词功能模块（“and”“or”“xor”和“not”）。

在这个例子中，所有高程在 1000 和 1500 之间的栅格元素被选中，其中逻辑连接词“and”用符号“&”表示。

逻辑蕴含式在每个编程语言中以 if 语句的形式出现，一般的格式（伪代码）为

```
if <条件语句> then <状态语句> else <状态语句>
```

条件语句通常包含一个可能正确或者错误的表达式（命题）。逻辑连接词或者比较运算符是条件语句的常见组成部分。下述 Python 代码例子用于检测数据库中的一个数据集是否存在，如果存在则删除它。

```
import arcpy
arcpy.env.workspace = "C:/Data/database.gdb"
if arcpy.Exists("waterbodies"):
    arcpy.Delete_managemnt("waterbodies")
else:
    print("waterbodies does not exist.")
```

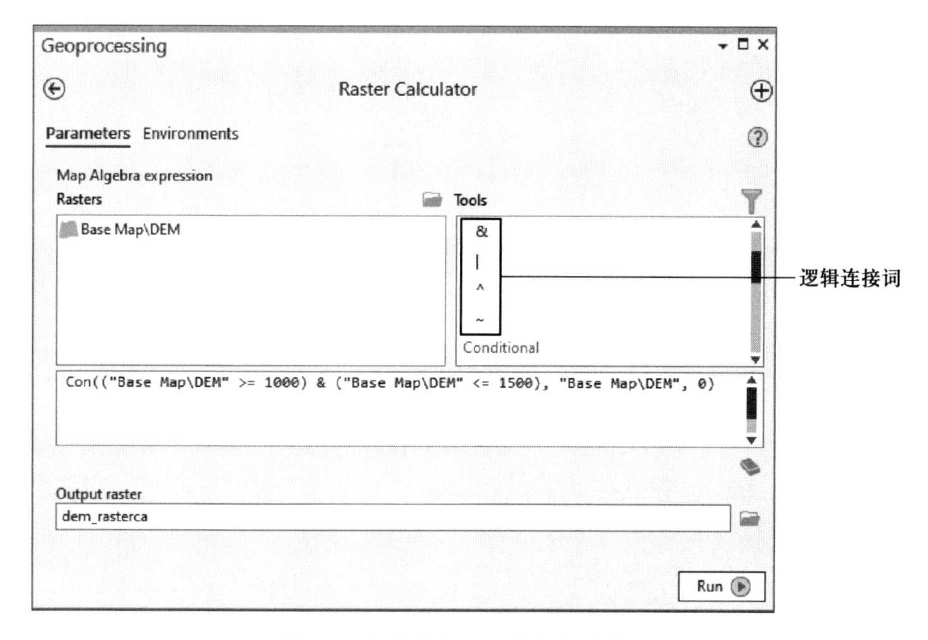

图 2.1 栅格计算器中的逻辑连接词

2.5 习　　题

习题 2.1 构造命题式的真值表 $[(P \Leftrightarrow Q) \wedge Q] \Rightarrow P$。

习题 2.2 证明 $(P \wedge Q) \Rightarrow (P \vee Q)$ 是一个重言式。

习题 2.3 简化命题式 $\neg(P \vee Q) \vee (\neg P \wedge Q)$。

习题 2.4 P 表示命题“正在下雨”。Q 表示命题“我淋湿了”。R 表示命题“我生病了”。

(1) 用符号表示下述命题：

(a) 如果正在下雨，那么我会淋湿并且生病。

(b) 如果正在下雨，我就会生病。

(c) 我没有淋湿。

(d) 现在正在下雨并且我没生病。

(2) 用自然语言表达下列命题形式：

(a) $R \wedge Q$。

(b) $(P \Rightarrow Q) \vee \neg R$。

(c) $\neg(R \vee Q)$。

(d) $(Q \Rightarrow R) \wedge (R \Rightarrow Q)$。

习题 2.5 写出下列命题式的逆否形式：

(1)“如果下雨，我就会淋湿。”

(2)“只有他离开我才会留下来。”

(3)“如果我不努力学习，我就不会通过考试。”

习题 2.6 对于以下表达式，请使用恒等式查找其等价式。等价式必须仅使用运算符 $\wedge$ 和 $\neg$，并且必须尽可能简单。

(1) $P \vee Q \vee \neg R$。

(2) $P \vee [(\neg Q \wedge R) \Rightarrow P]$。

(3) $P \Rightarrow (Q \Rightarrow P)$。

习题 2.7 在计算机程序中，有下面的语句 $x \leftarrow y$ 和 $\mathrm{FUNC}(y, z)$，其中 x, y 是逻辑变量，FUNC 是逻辑函数，z 是输出变量。z 的值由函数 FUNC 的执行情况决定。优化编译器会生成只在真正需要时执行的代码。假设已经为你的程序生成了这样一个优化的代码，你能始终依靠计算得到 z 的值吗？

第 3 章

谓词逻辑

命题逻辑的语言描述能力不够强大，无法表达出数学所需的所有断言。我们经常需要对一个物体的性质或物体之间的关系作一般性的陈述，例如，“所有人都终将会死”或方程式“$x + y = 2$”。

本章介绍了谓词和量词的概念，它们丰富了逻辑的语言，与命题逻辑相比，可以用更通用的方式表达断言。有关谓词的知识用于将自然语言的语句转换为谓词的形式。

3.1 谓 词

在命题逻辑中，我们不能做出“$x + y = 5$”或“$x \leqslant y$”这样的断言，因为这些语句的真值取决于变量 x 和 y 的值。只有当我们给这些变量赋值后，断言才能成为命题。

我们还使用自然语言进行诸如“安娜住在维也纳”或“所有的人都会死去”的断言，对应于“x 住在 y”或“所有的 x 都有 $M(x)$ 的性质”这样的一般结构。这些结构表示变量之间的关系或变量的性质。

定义 3.1 (谓词) 设定属性或关系的词语称为谓词。

当变量被特定值替换时，由谓词和变量构成的断言就成为一个命题。

例 3.1 在断言“x 住在 y”中，x 和 y 是变量，“住在”是谓词。当我们用“安娜”代替 x，用“维也纳”代替 y 时，它就变成了命题“安娜住在维也纳”。

例 3.2 谓词通常作为高级编程语言的控制语句出现在计算机程序中。例如，语句“if $x < 5$ then $y \leftarrow 2 * y$”包含谓词“$x < 5$”。当程序运行时，x 的

当前值决定“$x < 5$”的真值。

有些谓词已经在数学中有公认的符号表示。例如，“相等”或“大于”，通常分别写为“$=$”和“$>$”。其他谓词一般用大写字母表示。

例 3.3 断言“x 是个女人”可以写成 $W(x)$，“x 生活在 y”可以写成 $L(x,y)$，而“$x+y=z$”可以写成 $S(x,y,z)$。

定义 3.2 (**变量、辖域**) 在表达式 $P(x_1,x_2,\cdots,x_n)$ 中，P 是谓词[①]，x_i 是变量。当 P 有 n 个变量时，我们说它有 n 个参数或者它是一个 n 阶谓词。变量的值必须来自一个集合，这个集合称为定义域，或辖域。辖域通常表示为字母 U 并且必须包含至少一个元素。

当从辖域中取值 $c_1,c_2,\cdots,c_n$ 并把它们赋给谓词 $P(x_1,x_2,\cdots,x_n)$ 中的变量时，我们得到一个命题 $P(c_1,c_2,\cdots,c_n)$。

定义 3.3 (**有效、可满足**) 如果对辖域中的每一个元素，$P(c_1,c_2,\cdots,c_n)$ 都是真的，则说 P 在辖域 U 中是有效的。如果对辖域中的某些元素，$P(c_1,c_2,\cdots,c_n)$ 是真的，则说 P 在辖域 U 中是可满足的。使 $P(c_1,c_2,\cdots,c_n)$ 为真的 $c_1,c_2,\cdots,c_n$ 值，被称为 $c_1,c_2,\cdots,c_n$ 满足 P。如果 $P(c_1,c_2,\cdots,c_n)$ 对辖域中的所有 $c_1,c_2,\cdots,c_n$ 都是假的，则称 P 在辖域 U 中是不可满足的。

3.2 量　　词

谓词可以通过用确定的值替换变量而成为命题，此时我们称谓词变量是绑定的。有两种方法可以绑定谓词的变量。

定义 3.4 (**变量绑定**) 谓词变量可以被赋值或者量化，该过程称为变量绑定。与变量绑定相关的量词有两类，即全域量词和存在量词。

如果 $P(x)$ 是一个谓词，则断言“对任意的 $x, P(x)$”(即“对于所有的 x，断言 $P(x)$ 为真”) 是一个陈述，其中变量 x 被全域量化。全域量词“所有的”被写成 $\forall$，可以读为“所有”“每一个”“任一个”或“任意的”。陈述“对任意的 $x, P(x)$”记为“$\forall x P(x)$”。$\forall x P(x)$ 是真的，当且仅当 $P(x)$ 在辖域 U 中是有效的；否则，它是假的。

---

① 为了更精确，必须区分谓词变量和谓词常量。每当使用特定的谓词，如例 3.3 中的 W、L 或 S，实际上处理的是谓词常量。而类似 P 这样没有谓词直接解释的表达则为谓词变量。

如果 $P(x)$ 是一个谓词，则断言“对某些 $x, P(x)$”(表示“至少存在一个 x 的值，使得断言 $P(x)$ 为真”) 是一个陈述，其中变量 x 是可存在量化的。存在量词“存在”被写成 $\exists$，读作“存在”“某些”或“至少有一个”。陈述“存在某些 x，$P(x)$”记为“$\exists x P(x)$”。$\exists x P(x)$ 是真的，当且仅当 $P(x)$ 在辖域 U 中是可满足的；否则，它是假的。

存在量词有一个变体，用来断言全域中有且只有一个元素，使一个谓词为真。这个量词读为“有且只有一个 x 使得……”“刚好有一个 x 使得……”或“只有唯一的一个 x 使得……”。它被写成 $\exists!$。

例 3.4 假设辖域是所有整数，并通过量化形成以下命题：

(1) $\forall x[x-1<x]$；

(2) $\forall x[x=5]$；

(3) $\forall x \forall y[x+y>x]$；

(4) $\exists x[x<x+1]$；

(5) $\exists x[x=5]$；

(6) $\exists x[x=x+1]$；

(7) $\exists! x[x=5]$。

命题 (1)、(4)、(5) 和 (7) 是真的。命题 (3) 在整数中是假的，但是在正整数中是真的。命题 (2) 和 (6) 是假的。

正如我们所看到的，变量可以通过被赋值来绑定。我们也可以用命题来表达量化断言，方法是将辖域的所有元素赋给变量，并将它们用逻辑运算符组合起来。

定义 3.5 (**量化的命题式**) 如果辖域 U 由元素 $c_1, c_2, c_3, \cdots$ 组成，则命题 $\forall x P(x)$ 和 $\exists x P(x)$ 可以分别记作 $P(c_1) \wedge P(c_2) \wedge P(c_3) \wedge \cdots$ 和 $P(c_1) \vee P(c_2) \vee P(c_3) \vee \cdots$。

要将谓词转换为命题，我们必须绑定所有变量。如果在一个 n 阶谓词中，m 个变量是绑定的，我们说这个谓词有 $n-m$ 个自由变量。

例 3.5 表示“$x+y<z$”的谓词 $P(x, y, z)$ 有三个变量。如果我们绑定一个变量，例如，将 x 赋值为 2，那么我们就得到带有两个自由变量的谓词 $P(2, y, z)$，表示“$2+y<z$”。

当多个量词应用于一个谓词时，变量的绑定顺序与量词列表中的顺序相同。因此，$\forall x \forall y P(x, y)$ 必须理解为 $\forall x[\forall y P(x, y)]$。量词的顺序不是任意的，它影响断言的含义。$\forall x \exists y$ 与 $\exists y \forall x$ 具有不同的含义。唯一的例外是我们总是可以用 $\forall x \forall y$ 代替 $\forall y \forall x$，用 $\exists y \exists x$ 来代替 $\exists x \exists y$。

例 3.6 如果 $P(x,y)$ 表示谓词“x 是 y 的孩子”（辖域为所有人）。那么，命题 $\forall x\exists yP(x,y)$ 的意思是“每个人都是某个人的孩子”，而 $\exists y\forall xP(x,y)$ 的意思是“有这么一个人，每个人都是这个人的孩子”。

3.3 量词和逻辑运算符

当我们表达数学或自然语言语句时，我们通常需要使用量词、谓词和逻辑运算符。这些语句可以有很多不同的组合形式。

例 3.7 假设辖域是整数，$E(x)$ 表示“x 是偶数”，$O(x)$ 表示“x 是奇数”，$N(x)$ 表示“x 是非负整数”，$P(x)$ 表示“x 是素数”。下面的示例说明如何用谓词逻辑语言表示断言。

(1) 存在一个奇数，$\exists xO(x)$；

(2) 每个整数都是偶数或奇数，$\forall x[E(x)\vee O(x)]$；

(3) 所有素数都是非负数，$\forall x[P(x)\Rightarrow N(x)]$；

(4) 唯一的偶数素数是 2，$\forall x[(E(x)\wedge P(x))\Rightarrow x=2]$；

(5) 只有一个偶数素数，$\exists!x[E(x)\wedge P(x)]$；

(6) 不是所有的素数都是奇数，$\neg\forall x[P(x)\Rightarrow O(x)]$，或 $\exists x[P(x)\wedge\neg O(x)]$；

(7) 如果一个整数不是偶数，那么它就是奇数，$\forall x[\neg E(x)\Rightarrow O(x)]$。

类似于命题逻辑中的重言式、矛盾式和偶然式，我们还可以建立带谓词变量[①]的断言类型。

定义 3.6 (带谓词变量的断言的有效性) 带谓词变量的断言如果对每个辖域都是真的，则我们称之为有效的。如果存在一个辖域和谓词变量的某些值，使断言为真，则我们称这个断言是可满足的。如果任何一个辖域和谓词变量的任何一个值都不能使这个断言成立，则我们称这个断言是不可满足的。如果两个断言 A_1 和 A_2 在逻辑上是等价的，则称对于每个辖域和谓词变量的每个值都有 $A_1\Leftrightarrow A_2$，即，A_1 是真的，当且仅当 A_2 是真的。

量词的作用域是变量绑定到此量词的断言的那部分。

例 3.8 在断言 $\forall x[P(x)\wedge Q(x)]$ 中，全域量词的作用域是 $P(x)\wedge Q(x)$。在断言 $[\exists xP(x)]\Rightarrow[\forall xQ(x)]$ 中，$\exists$ 的作用域是 $P(x)$，$\forall$ 的作用域是 $Q(x)$。

表 3.1 显示了涉及量词的断言之间的逻辑等价和其他关系的列表。

① 谓词变量的定义，可以参考定义 3.2 的注释。

表 3.1 涉及量词的逻辑表达式

(1)	$\forall x P(x) \Rightarrow P(c)$，其中 c 是辖域的任意一个元素
(2)	$P(c) \Rightarrow \exists x P(x)$，其中 c 是辖域的任意一个元素
(3)	$\forall x \neg P(x) \Leftrightarrow \neg \exists x P(x)$
(4)	$\forall x P(x) \Rightarrow \exists x P(x)$
(5)	$\exists x \neg P(x) \Leftrightarrow \neg \forall x P(x)$
(6)	$[\forall x P(x) \wedge Q] \Leftrightarrow \forall x[P(x) \wedge Q]$
(7)	$[\forall x P(x) \vee Q] \Leftrightarrow \forall x[P(x) \vee Q]$
(8)	$[\exists x P(x) \wedge Q] \Leftrightarrow \exists x[P(x) \wedge Q]$
(9)	$[\exists x P(x) \vee Q] \Leftrightarrow \exists x[P(x) \vee Q]$
(10)	$[\forall x P(x) \wedge \forall x Q(x)] \Leftrightarrow \forall x[P(x) \wedge Q(x)]$
(11)	$[\forall x P(x) \vee \forall x Q(x)] \Rightarrow \forall x[P(x) \vee Q(x)]$
(12)	$\exists x[P(x) \wedge Q(x)] \Rightarrow [\exists x P(x) \wedge \exists x Q(x)]$
(13)	$[\exists x P(x) \vee \exists x Q(x)] \Leftrightarrow \exists x[P(x) \vee Q(x)]$

逻辑等价 (3) 和 (5) 可用于通过一系列量词传递否定符号。

逻辑等价 (6)、(7)、(8) 和 (9) 告诉我们，每当一个命题出现在量词的范围内，它就可以从量词的范围中移除。变量不受量词约束的谓词也可以从此量词的作用域中删除。

陈述 (10) 和 (12) 表明全域量词分布在合取上，但存在量词没有分布在合取上。(13) 和 (11) 表明存在量词分布在析取上，而全域量词没有分布在析取上。

3.4 紧凑的逻辑记法

断言给出的逻辑记法的形式通常过于复杂，无法用数学语言表达相对简单的断言。因此，我们采用了一种紧凑的逻辑记法。

对于断言“对于所有的 x，只要 $x \geqslant 0$，$P(x)$ 就为真”须记为 $\forall x[(x \geqslant 0) \Rightarrow P(x)]$。作为替代，我们可以使用紧凑的记法 $\forall x_{x \geqslant 0} P(x)$ 来书写。同样，对于断言“存在一个不为 5 的 x 值，使得 $P(x)$ 为真”，完整的记法可表示为

$\exists x[(x \neq 5) \wedge P(x)]$，紧凑的记法可表示为 $\exists x_{x \neq 5} P(x)$。这种记法还允许通过表 3.1 的逻辑等价 (3) 和 (5) 中提到的量词传递否定符号。

3.5 在 GIS 中的应用

在关系数据库技术中，我们使用“select”操作符选择关系中满足给定选择条件的元组 (或记录) 子集。通常，当以 $\phi(t)$ 和 R 替换关系名时，我们可以将“select”操作符表示为 $\sigma_{\text{selection condition}}(\text{relation name})$ 或 $\sigma_{\phi(t)}(R)$。选择条件是一个谓词，也就是说，它指定元组的一个属性，因此我们可以将一般的选择条件写为一个谓词集表达式 $\{t \in R \mid \phi(t)\}$。

以 ARC (ID、StartNode、EndNode、LPoly、RPoly) 作为描述拓扑结构数据集中弧的关系模式为例，“select”操作符将生成构成多边形 A 边界的所有圆弧，将此选择条件转换为标准 SQL 如下所示：

```
SELECT * FROM ARC WHERE LPoly = 'A' or RPoly = 'A'.
```

3.6 习　　题

习题 3.1 将以下断言转换为谓词逻辑的符号 (括号中给出了辖域)：

(1) 如果 3 是奇数，则有数字是奇数。(整数)

(2) 有些猫是蓝色的。(动物)

(3) 所有的猫都是蓝色的。(动物)

(4) 存在区域、线和点。(几何图形)

(5) 如果 x 大于 y 且 y 大于 z，则 x 大于 z。(整数)

(6) 当夜幕降临时，所有的猫都是黑色的。(动物)

(7) 天亮时，有些猫是黑色的。(动物)

(8) 这门课程的所有学生如果通过数学考试都会很高兴。(所有学生)

第 4 章

逻 辑 推 理

本章介绍逻辑论证和推理规则（或逻辑规则）的概念。逻辑推理研究如何从一组前提（或假设）出发得出结论。如果结论从逻辑上遵循前提假设，则论证有效。反之，则结论无法从前提推导得到。演绎规则作为基本推理规则，是基于规则的推理系统的基石。

在一个规范化的数学系统中，一般假设一组公理为一组不证自明的基本命题。根据这些公理我们可以推导出一些正确的命题，也就是定理。定理正确性的论证过程叫作证明。

4.1 逻 辑 论 证

在逻辑论证中，我们常常会假定某些假说是正确的，并根据这些假说得到一些结论。例如，如果我们假设“天正在下雨”和“如果天正在下雨，那么我会被淋湿”这两个说法都是真的，那么我们就可以得出“我会被淋湿”的结论。

定义 4.1 (逻辑论证) 逻辑论证由一组假定为真的假说（或前提）组成。结论来自前提。推理规则指出哪些结论可以从已知或假定为真的断言中得出。当结论逻辑上遵循前提时，论证被认为是有效的（或正确的）。

逻辑论证一般写成如下格式：

$$\begin{array}{c} P_1 \\ P_2 \\ \vdots \\ P_n \\ \hline \therefore Q \end{array}$$

其中，P_i 是前提，Q 是结论。

例 4.1 上面提出的论证可以写成以下形式：

P_1： 天正在下雨。

P_2： 如果天正在下雨，那么我会被淋湿。

结论： 我会被淋湿。

使用的推理规则可以写成以下形式：

$$\begin{array}{c} P \\ P \Rightarrow Q \\ \hline \therefore Q \end{array}$$

4.2 运用命题逻辑证明论证的有效性

总体上，论证是否有效有两种证明方式——真值表或者推理规则。真值表的证明方式就是把论证的过程翻译为等价的重言式（永真式）。其过程比较简单：

(1) 识别所有可能的命题；

(2) 为所有命题分配命题变量；

(3) 将论证用命题变量写成重言式；

(4) 用真值表验证命题的重言式。

注意：命题越多，上述过程就会越烦琐。运用推理规则的证明方式，其诀窍在于找到正确的推理规则并准确地使用它们。

4.2.1 运用真值表证明论证的有效性

每一个有 n 个前提 $P_1, P_2, \cdots, P_n$ 和结论 Q 的逻辑论证都可以写成一种形如 $(P_1 \wedge P_2 \wedge \cdots \wedge P_n) \Rightarrow Q$ 的命题形式。如果这个命题形式是一个重言式，那么这个论证是有效的。

例 4.2 上面例 4.1 的论证包含命题 P“天正在下雨”和命题 Q“我会被淋湿”。它的一个重言式是 $[P \wedge (P \Rightarrow Q)] \Rightarrow Q$。这个重言式的证明就留给读者了。

4.2.2 运用推理规则证明论证的有效性

第二种证明论证有效性的方法是运用推理规则。如果给定的前提通过推理规则运算后可以得出结论，那么这个论证是有效的，否则论证无效。表 4.1 显示了逻辑学中最重要的一些推理规则及它们对应的重言式以及这些规则的逻辑学名称。

表 4.1 推理规则

推理规则	等价式	名称
$\dfrac{P}{\therefore P \vee Q}$	$P \Rightarrow (P \vee Q)$	加法
$\dfrac{P \wedge Q}{\therefore P}$	$(P \wedge Q) \Rightarrow P$	简化
$\dfrac{\begin{array}{c}P\\ P \Rightarrow Q\end{array}}{\therefore Q}$	$[P \wedge (P \Rightarrow Q)] \Rightarrow Q$	肯定前件
$\dfrac{\begin{array}{c}\neg Q\\ P \Rightarrow Q\end{array}}{\therefore \neg P}$	$[\neg Q \wedge (P \Rightarrow Q)] \Rightarrow \neg P$	否定后件
$\dfrac{\begin{array}{c}P \vee Q\\ \neg P\end{array}}{\therefore Q}$	$[(P \vee Q) \wedge \neg P] \Rightarrow Q$	析取三段论
$\dfrac{\begin{array}{c}P \Rightarrow Q\\ Q \Rightarrow R\end{array}}{\therefore P \Rightarrow R}$	$[(P \Rightarrow Q) \wedge (Q \Rightarrow R)] \Rightarrow (P \Rightarrow R)$	假言三段论
$\dfrac{\begin{array}{c}P\\ Q\end{array}}{\therefore P \wedge Q}$	$(P \wedge Q) \Rightarrow (P \wedge Q)$	合取式
$\dfrac{\begin{array}{c}(P \Rightarrow Q) \wedge (R \Rightarrow S)\\ P \vee R\end{array}}{\therefore Q \vee S}$	$[(P \Rightarrow Q) \wedge (R \Rightarrow S) \wedge (P \vee R)] \Rightarrow (Q \vee S)$	二难推理构造式
$\dfrac{\begin{array}{c}(P \Rightarrow Q) \wedge (R \Rightarrow S)\\ \neg Q \vee \neg S\end{array}}{\therefore \neg P \vee \neg R}$	$[(P \Rightarrow Q) \wedge (R \Rightarrow S) \wedge (\neg Q \vee \neg S)] \Rightarrow (\neg P \vee \neg R)$	二难推理破坏式

这些推理规则中有些是显而易见的。以析取三段论为例，简单地说就是：当有两个选项时，如果其中一个不能选，那必然会选取另一个[①]。

例 4.3 例 4.1 的证明就是一个**肯定前件规则**的直接应用。

例 4.4 与上述论证同样的是，由“女人不追我”和“如果我有魅力，所有的女人都会追我”，得出“我没有魅力”的结论，是**否定后件规则**的直接应用。

4.3 运用谓词逻辑证明论证的有效性

当需要证明的论证中包含谓词和量词时，就需要更多的推理规则才能证明其有效性。表 4.2 列出了一些涉及谓词和量词的推理规则。

表 4.2 涉及谓词和量词的推理规则

推理规则	名称
$\dfrac{\forall x P(x)}{\therefore P(c)}$	全称量词消去规则
$\dfrac{P(x)}{\therefore \forall x P(x)}$	全称量词引入规则
$\dfrac{\exists x P(x)}{\therefore P(c)}$	存在量词消去规则
$\dfrac{P(c)}{\therefore \exists x P(x)}$	存在量词引入规则

全称量词消去规则通过下述事实得到结论：如果一个给定域的所有个体都具有性质 A，则这个域中的任意个体都具有性质 A。全称量词引入规则可以理解为，如果个体域的任意个体都具有性质 A，则个体域中的所有个体都具有性质 A，因此可以用全称量词来表示。

存在量词消去规则是指：如果个体域包含性质 P 的个体，则个体域中必然有个体 c 具有性质 P 使得 $P(c)$ 为真。存在量词引入规则是指，如果个体域有个体 c 具有性质 P，则个体域中必然存在具有性质 P 的个体，可以表示为 $\exists x P(x)$ 为真。

① 绝大部分人都会同意这个观点，甚至连猫猫狗狗都会明白这个道理。

例 4.5 请思考以下论证过程：

P_1: 每个人都有一颗脑袋。

P_2: 约翰・威廉是一个人。

结论： 因此，约翰・威廉有一颗脑袋。

用函数 $M(x)$ 表示“x 是一个人”，用函数 $B(x)$ 表示“x 有一颗脑袋”，W 代表约翰・威廉，那么这个逻辑论证可以表达为

(1) $\forall x[M(x) \Rightarrow B(x)]$；

(2) $M(W)$；

(3) $\therefore B(W)$。

论证的形式化证明如表 4.3 所示。

表 4.3 论证的形式化证明

序号	断言	原因
(1)	$\forall x[M(x) \Rightarrow B(x)]$	前提 1
(2)	$M(W) \Rightarrow B(W)$	第 (1) 步和全称量词消去规则
(3)	$M(W)$	前提 2
(4)	$B(W)$	第 (2) 步、第 (3) 步和肯定前件规则

本书对一般的谓词逻辑证明不再进行深入的理论探讨。

4.4 在 GIS 中的应用

基于规则的系统是对推理引擎提供的数据进行规则约束。这些系统也被称为专家系统。专家系统目前在地学中得到了广泛的应用，比如空间决策支持系统（spatial decision support system, SDSS）是一种适用于空间数据的规则约束。

这些规则以“如果 < 前提 > 那么 < 结果 >”这种隐含的形式进行存储。一种直接的规则应用方式是：推理引擎检查数据库中给定的数据，并确定它们是否符合设定的前提，如果是，则把对应的结果应用到对应的数据中。

4.5 习　　题

习题 4.1 将下述论证过程用逻辑符号标记的方式表达，并判断论证过程是否正确：

P_1: 只要我好好学习，我的数学考试就会及格。

P_2: 只要我没有踢足球，我就会好好学习。

P_3: 我的数学考试没有及格。

结论：我踢了足球。

习题 4.2 将下述论证过程用逻辑符号标记的方式表达，并判断论证过程是否正确：

P_1: 如果地球是一个圆盘形状，那么我到达不了美国。

P_2: 如果我向西走，那么我能到达美国。

P_3: 如果我不向西走，我也能到达美国。

结论：地球不是一个圆盘形状。

习题 4.3 将下述论证过程用逻辑符号标记的方式表达，并判断论证过程是否正确：

P_1: 如果 6 不是偶数，那么 5 不是素数。

P_2: 6 是偶数。

结论：5 是素数。

第 5 章

集 合 论

集合是许多数学理论的基本组成部分，它们被直观地视为一组易于区分的对象。由于集合论的正式定义和公理基础较为复杂，本章不予讨论。

本章从集合的直观定义开始，探讨集合与集合上运算之间的关系，并且阐述集合之间的子集关系、相等关系以及集合并、交、差的基本原理。

5.1 集合和元素

集合论是由格奥尔格·康托尔（1845—1918）创建的，今天我们称之为朴素集合论。这是一种比公理集合论更直观的方法。然而，朴素集合论存在逻辑矛盾（或悖论）的可能性，这种缺陷在形式化系统中是不允许的。

定义 5.1 (集合) 集合是一组易于区分的对象的合集。这些对象称为集合的元素或成员。集合 S 的一个元素 x 记作 $x \in S$。如果 x 不是 S 的元素，则记作 $x \notin S$。如果一个集合的元素个数是有限的，则称它为有限集合。不包含任何元素的集合称作空集，记作 $\{\}$ 或 $\varnothing$。

集合的表示方法有很多。有限集合可以通过列出其包含的所有元素来进行显式表达。例如，由小于 10 的自然数[①]组成的集合 A 记作 $A = \{1,2,3,4,5,6,7,8,9\}$，或者我们可以通过谓词和自由变量隐式地描述该集合，记作 $A = \{x \mid x \in \mathbb{N} \wedge x < 10\}$。此外，我们还可以用维恩图（图 5.1）绘制一个集合。

为了表示集合的“大小”，我们需要一个度量单位，这个度量单位被定义为集合包含不同元素的个数（或基数）。

① 本书中的自然数不包含 0。

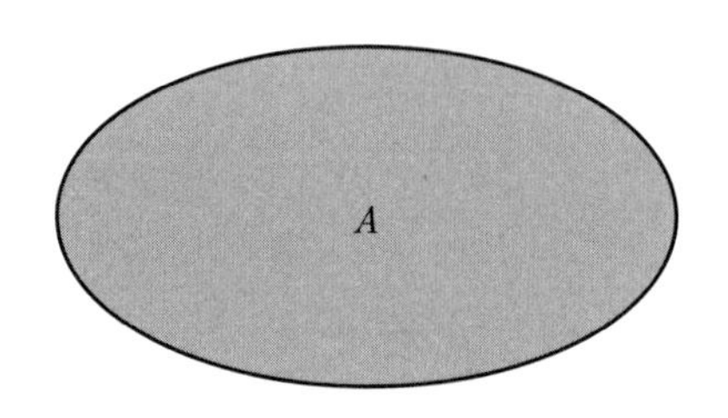

图 5.1 维恩图

定义 5.2 (**基数**) 集合 S 的基数是其元素的个数，记作 $|S|$。

例 5.1 集合 $A=\{x \mid x$ 是英语字母表中的一个字符 $\}$ 的基数是 26，记作 $|A|=26$。

例 5.2 自然数集 $\mathbb{N}$ 是无限集，它的基数记为 $\aleph_0$（读作阿列夫零[1]）。所有和自然数集基数相同的集合 S 称为可数无限集[2]。证明一个集合是可数无限集的方法通常是找到自然数集和 S 的一个一一对应函数。整数集 $\mathbb{Z}$ 和有理数集 $\mathbb{Q}$ 的基数都是 $\aleph_0$。有理数集 $\mathbb{Q}$ 是所有形式为 $\dfrac{a}{b}$ 的分数，$a,b\in\mathbb{Z}$, $b\neq 0$。实数集 $\mathbb{R}$ 的基数记为 c（the continuum，连续体），称为不可数无限。实数的数量比有理数多。有理数的数量比整数多。

例 5.3 集合 $A=\{1,1,2,2,2,3\}$ 基数为 3，因为集合的元素必须是可区分的。在 A 中，元素“1”出现两次，元素“2”出现三次，元素“3 ”出现一次。由于基数与元素重复的频率无关，因此元素的数量为 3。

例 5.4 集合 $A=\{\varnothing\}$ 包含一个元素，即空集。因此，它的基数是 1。虽然空集的基数为 0，但这里的空集是集合的一个元素。

5.2 集合间的关系

集合之间存在两种关系，子集关系和相等关系。子集关系指的是一个集合包含在另一个集合中。

定义 5.3 (**子集**) 如果集合 A 的每个元素都是集合 B 中的元素，则称 A 是 B 的子集，记作 $A\subseteq B$；B 被称为 A 的超集，记作 $B\supseteq A$。当 $A\subseteq B$ 且 $A\neq B$ 时，则称集合 A 为 B 的真子集。

---

① 阿列夫（Aleph）是希伯来语字母表的第一个字母。

② 如果存在一个自然数 n，使得一个集合的元素和自然数的一个子集 $\{1,2,3,\cdots,n\}$ 存在一个一一对应关系，则称这个集合为有限的。如果这个集合是有限的或者是可数有限的，则称这个集合为可数的。

当集合 A 和 B 相等时，记作 $A=B$，表示为当且仅当 $A\subseteq B$ 且 $B\subseteq A$。

从集合及其关系的定义中可以推导出以下结论：

(1) 如果集合 U 是全集，则 $A\subseteq U$。

(2) 对于任意一个集合 A，$A\subseteq A$。

(3) 如果 $A\subseteq B$ 且 $B\subseteq C$，则 $A\subseteq C$。空集是任意集合的子集，或者说对于任意集合 A，$\varnothing\subseteq A$。

5.3 集合的运算

在下文中，我们通过集合运算在给定集合（运算对象）上产生新的集合（结果）。

定义 5.4 (并集) 集合 A 和 B 的并集，记作 $A\cup B$，以集合的形式表示为 $A\cup B=\{x\mid x\in A\vee x\in B\}$。

定义 5.5 (交集) 集合 A 和 B 的交集，记作 $A\cap B$，以集合的形式表示为 $A\cap B=\{x\mid x\in A\wedge x\in B\}$。如果 $A\cap B=\varnothing$，则称这两个集合是不相交的。

定义 5.6 (差集) 集合 A 和 B 的差集，记作 $A-B$（或 $A\setminus B$），以集合的形式表示为 $A-B=\{x\mid x\in A\wedge x\notin B\}$。

定义 5.7 (补集) 集合 A 的补集（也称为余集），记作 $\overline{A}$，以集合的形式表示为 $\overline{A}=U-A=\{x\mid x\notin A\}$，其中 U 是全集。

例 5.5 如图 5.2 所示的维恩图表达了 $\overline{A\cup B}\cap C$ 运算。

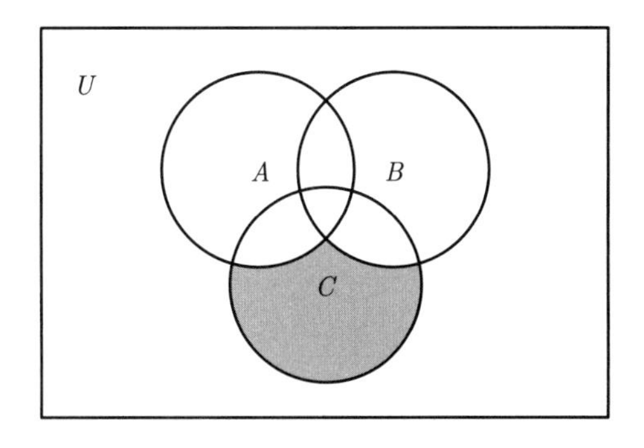

图 5.2 维恩图表达的 $\overline{A\cup B}\cap C$

通常可以为两个以上的集合定义并集和交集。假设 I 为任意有限或无限指标的集合。对于任意元素 $i \in I$ 都指定了一个集合 A_i，则集合 A_i 的并集定义为

$$\bigcup_{i \in I} A_i = \{x \mid \exists i\,[i \in I \wedge x \in A_i]\}$$

同理，A_i 的交集定义为

$$\bigcap_{i \in I} A_i = \{x \mid \forall i\,[i \in I \Rightarrow x \in A_i]\}$$

如果我们知道指标集中元素的个数为 n，则我们将 A_i 的并集与交集分别记作 $\bigcup_{i=1}^{n} A_i$ 和 $\bigcap_{i=1}^{n} A_i$。

表 5.1 总结了一些最重要的集合运算规则。通过将它们转换为逻辑语言中的等价式，可以很容易地证明它们是重言式。

表 5.1 集合运算规则

(1)	$A \cup A = A$	
(2)	$A \cap A = A$	
(3)	$(A \cup B) \cup C = A \cup (B \cup C)$	结合律
(4)	$(A \cap B) \cap C = A \cap (B \cap C)$	
(5)	$A \cup B = B \cup A$	交换律
(6)	$A \cap B = B \cap A$	
(7)	$A \cup (B \cap C) = (A \cup B) \cap (A \cup C)$	分配律
(8)	$A \cap (B \cup C) = (A \cap B) \cup (A \cap C)$	
(9)	$\overline{A \cup B} = \overline{A} \cap \overline{B}$	德・摩根定律
(10)	$\overline{A \cap B} = \overline{A} \cup \overline{B}$	
(11)	$A \cup \varnothing = A$	
(12)	$A \cap U = A$	
(13)	$A \cup U = U$	
(14)	$A \cap \varnothing = \varnothing$	
(15)	$A \cup \overline{A} = U$	
(16)	$A \cap \overline{A} = \varnothing$	
(17)	$\overline{\overline{A}} = A$	
(18)	$\overline{U} = \varnothing$	

续表

(19)	$\overline{\varnothing} = U$
(20)	$A - B \subseteq A$
(21)	如果 $A \subseteq B$ 且 $C \subseteq D$，则 $(A \cup C) \subseteq (B \cup D)$
(22)	如果 $A \subseteq B$ 且 $C \subseteq D$，则 $(A \cap C) \subseteq (B \cap D)$
(23)	$A \subseteq A \cup B$
(24)	$A \cap B \subseteq A$
(25)	如果 $A \subseteq B$，则 $A \cup B = B$
(26)	如果 $A \subseteq B$，则 $A \cap B = A$
(27)	$A - \varnothing = A$
(28)	$A \cap (B - A) = \varnothing$
(29)	$A \cup (B - A) = A \cup B$
(30)	$A - (B \cup C) = (A - B) \cap (A - C)$
(31)	$A - (B \cap C) = (A - B) \cup (A - C)$

集合论中的另一个重要概念是研究给定集合的子集，这就引出了幂集的定义。

定义 5.8 (幂集) 集合 A 的所有子集的集合称作 A 的幂集，记作 $\wp(A)$。

如果集合是有限的，则幂集也是有限的；如果集合是无限的，则幂集也是无限的。对于包含 n 个元素的集合，其幂集则有 2^n 个元素。

集合 $A = \{1, 2, 3\}$ 具有 3 个元素，其幂集具有 $2^3 = 8$ 个元素，记作 $\wp(A) = \{\varnothing, \{1\}, \{2\}, \{3\}, \{1, 2\}, \{1, 3\}, \{2, 3\}, \{1, 2, 3\}\}$。请注意，空集和集合本身始终是幂集的元素。

5.4 在 GIS 中的应用

叠加操作是 GIS 为空间分析提供的最常见功能。由于点、圆弧和多边形等空间要素可以视为一种集合，因此叠加操作对应于集合的交集、并集、差集和补集。表 5.2 展示了 ArcGIS Pro 叠加工具集的工具以及相应的数学符号集合运算。

通常，应用相同类型叠加操作的顺序并不重要。集合运算的结合律和交换律允许以任意顺序操作交集和并集。

表 5.2 ArcGIS Pro 叠加命令

命令	A	B	集合运算
Erase	in_features	erase_features	$A-B$
Identity	in_features	identity_features	$A\cup(A\cap B)$
Intersect	in_features		$\bigcap_{i=1}^{n} A_i$
Symmetrical difference	in_features	update_features	$(A-B)\cup(B-A)$
Union	in_features		$\bigcup_{i=1}^{n} A_i$
Update	in_features	update_features	$(A-B)\cup B$

分配律可以通过减少操作数量来简化空间叠加操作。例如，如果我们有三个数据集 A、B 和 C。我们需要获取 A 和 B 的交集，A 和 C 的交集，并计算结果的并集。这些操作可以表示为集合运算 $(A\cap B)\cup(A\cap C)$，共需要三个叠加操作。然而，通过使用集合运算的分配律，可以将操作的数量减少到两个，即 $A\cap(B\cup C)$。

当我们在 GIS 中处理多边形要素时，存在一个包含数据集中所有要素的嵌入多边形。它通常被称为世界多边形，并对应于集合论中的全集①。

5.5 习 题

习题 5.1 在下面的维恩图中标出 $\overline{A}\cap\overline{B}$。

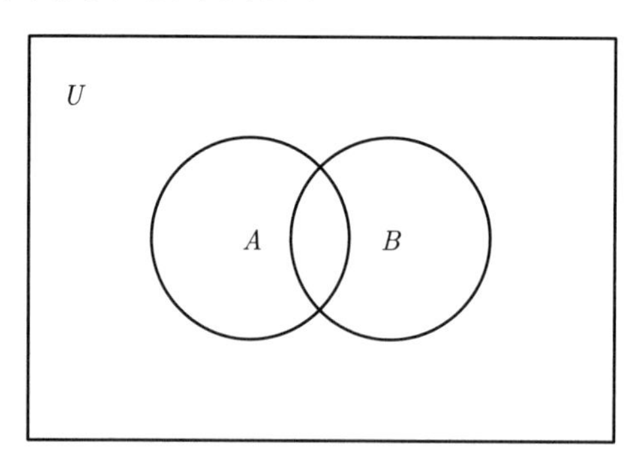

① 在第 9.5.1 节中，将看到同样出于拓扑原因，我们需要为空间要素的单元复合体提供一个嵌入空间。

习题 5.2 在下面的维恩图中标出 $A \cap (B \cup C)$。

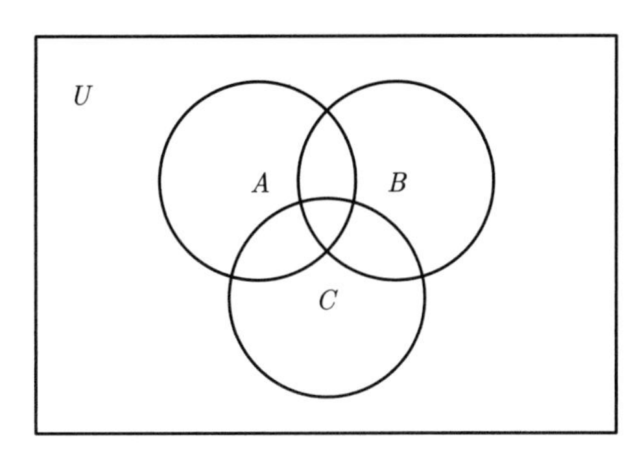

习题 5.3 在下面的维恩图中标出 $\overline{A \cup B}$。

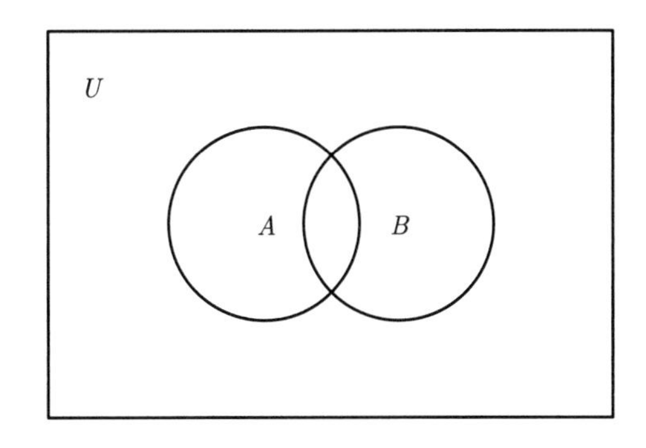

习题 5.4 写出以下每个集合的幂集。

(1) $\{a, b, c\}$；

(2) $\{\{a, b\}, \{c\}\}$；

(3) $\{\varnothing\}$。

习题 5.5 设 $U = \{a, b, c, d, e, f, g\}$ 为全集，集合 $A = \{a, b, c, d, e\}$，$B = \{a, c, e, g\}$，$C = \{b, e, f, g\}$，计算下列表达式：

(1) $\overline{B} \cup C$；

(2) $\overline{C} \cap A$；

(3) $B - C$；

(4) $B - C$ 的幂集。

第 6 章

关系和函数

关系是数学中一个非常重要的概念。基于笛卡儿积的基本原理，我们将引入关系概念作为映射和函数的基础。关系基于对对象之间关联的共同理解。这些关系可能是针对同一集合的对象之间的比较，也可能涉及不同集合的元素。其中等价关系和序关系这两种特殊的关系在数学中起着重要的作用。前者用于对象的分类；后者则是有序集理论的基础。在本章中，我们只讨论二元关系，即两个集合之间的关系。

6.1 笛卡儿积

定义 6.1 (笛卡儿积) 集合 A 和 B 的笛卡儿积（或叉积），记作 $A \times B$，是所有元素对的集合，符号化表示为 $\{\langle a,b\rangle \mid a \in A \wedge b \in B\}$。

例 6.1 设 $A=\{1,2\}, B=\{a,b\}, C=\varnothing$，则：

- $A \times B=\{\langle 1,a\rangle,\langle 1,b\rangle,\langle 2,a\rangle,\langle 2,b\rangle\}$；
- $B \times A=\{\langle a,1\rangle,\langle a,2\rangle,\langle b,1\rangle,\langle b,2\rangle\}$；
- $A \times C=\varnothing$。

例 6.2 设集合 $A=\{$维也纳, 阿姆斯特丹$\}, B=\{$奥地利, 荷兰, 法国$\}$，则其笛卡儿积 $A \times B$ 包含 6 个元素 $\{\langle$维也纳, 奥地利$\rangle$, $\langle$维也纳, 荷兰$\rangle$, $\langle$维也纳, 法国$\rangle$, $\langle$阿姆斯特丹, 奥地利$\rangle$, $\langle$阿姆斯特丹, 荷兰$\rangle$, $\langle$阿姆斯特丹, 法国$\rangle\}$。

笛卡儿积不满足交换律，即 $A \times B \neq B \times A$，从例 6.1 不难看出。

我们也可以用图形表示笛卡儿积的计算过程。设集合 $A=\{x \mid 1 \leqslant x \leqslant 2\}, B=\{y \mid 0 \leqslant y \leqslant 1\}$，两个集合的叉积 $A \times B=\{\langle x,y\rangle \mid 1 \leqslant x \leqslant 2 \wedge 0 \leqslant$

$y \leqslant 1\}$ 和 $B \times A = \{\langle y, x\rangle \mid 0 \leqslant y \leqslant 1 \wedge 1 \leqslant x \leqslant 2\}$ 可以用图形表示，如图 6.1 所示。

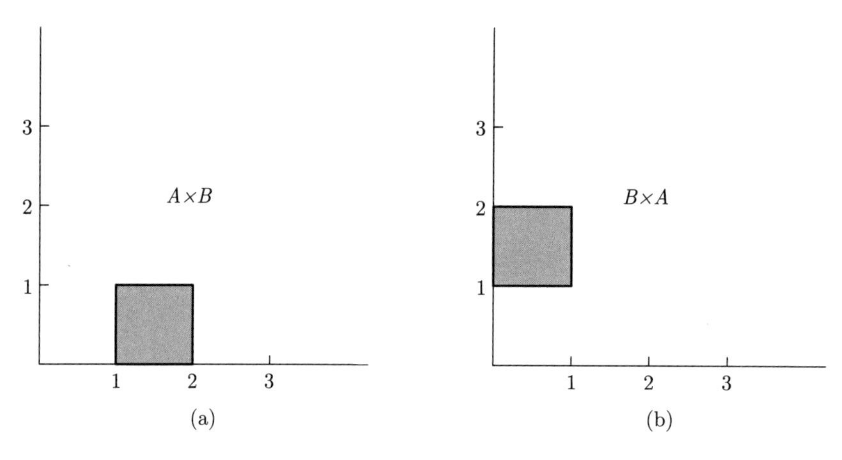

图 6.1 笛卡儿积的不可交换性

表 6.1 列出了笛卡儿积的一些性质。

表 6.1 笛卡儿积的性质

(1)	$A \times (B \cup C) = (A \times B) \cup (A \times C)$
(2)	$A \times (B \cap C) = (A \times B) \cap (A \times C)$
(3)	$(A \cup B) \times C = (A \times C) \cup (B \times C)$
(4)	$(A \cap B) \times C = (A \times C) \cap (B \times C)$

6.2 二元关系

虽然关系通常定义在两个以上的集合上，但本章仅讨论两个集合之间的二元关系。

定义 6.2 (二元关系) $A \times B$ 上的二元关系 R 是 $A \times B$ 的子集。集合 A 是 R 的定义域，集合 B 是 R 的值域。如果 $\langle a, b\rangle \in R$，则记 $a \sim b$；如果 $\langle a, b\rangle \notin R$，则记作 $a \nsim b$。如果将关系定义为 $A \times A$，则称作 A 上的二元关系。

例 6.3 设集合 $A = \{$维也纳, 阿姆斯特丹$\}$，$B = \{$奥地利, 荷兰, 法国$\}$。$C = \{\langle$维也纳, 奥地利$\rangle, \langle$阿姆斯特丹, 荷兰$\rangle\}$ 是 $A \times B$ 上的一种关系，可以理

解为“是首都”。

定义 6.3 (**逆关系**) 设 R 是 $A \times B$ 上的二元关系。逆关系（或逆）R^{-1} 定义为 $B \times A$ 上的二元关系，$R^{-1} = \{\langle b, a\rangle \mid \langle a, b\rangle \in R\}$。

例 6.4 设 $A = \{\text{John, Ann, Frank}\}$ 和 $B = \{\text{Mercedes, BMW}\}$ 分别是人和车的集合。$R = \{\langle\text{John, Mercedes}\rangle, \langle\text{Ann, BMW}\rangle, \langle\text{Frank, BMW}\rangle\}$ 是“驾驶”关系，则 $R^{-1} = \{\langle\text{Mercedes, John}\rangle, \langle\text{BMW, Ann}\rangle, \langle\text{BMW, Frank}\rangle\}$ 是一个逆关系，可以理解为“被驾驶”。

6.2.1 关系和谓词

集合 A 上的任意一个二元关系 R 都对应一个具有两个变量的谓词，且 A 是变量的全集。如果给定了关系，则谓词的定义 $P(a_1, a_2)$ 为真，当且仅当 $\langle a_1, a_2\rangle \in R$。同样地，如果给定谓词 P，我们可以定义一个关系 R，$R = \{\langle a_1, a_2\rangle \mid P(a_1, a_2)\text{为真}\}$。

6.2.2 二元关系的图形表示

以图形方式表示关系通常很方便。为此，我们将使用有向图[①]（digraph）表示关系。如果两个元素 x 和 y 之间存在关系，即 $x \sim y$，我们使用如图 6.2 所示的有向图表示。

$x \bullet \longrightarrow \bullet\ y$

图 6.2 有向图表示的二元关系

例 6.5 设集合 $A = \{a, b, c, d\}, R = \{\langle a, c\rangle, \langle a, a\rangle, \langle b, c\rangle\}$ 是 A 上的一个关系。该关系的有向图如图 6.3 所示。

6.2.3 关系的特殊性质

二元关系的一些性质非常重要，必须对它们进行更详细的讨论。以下内容定义了这些性质。

① 一个图由两个集合 V 和 E，即节点集合（点或顶点）和边集合（弧或线）以及描述哪些节点通过边连接的关联关系 $V \times V$ 定义。如果弧是有向的，我们称之为有向图。

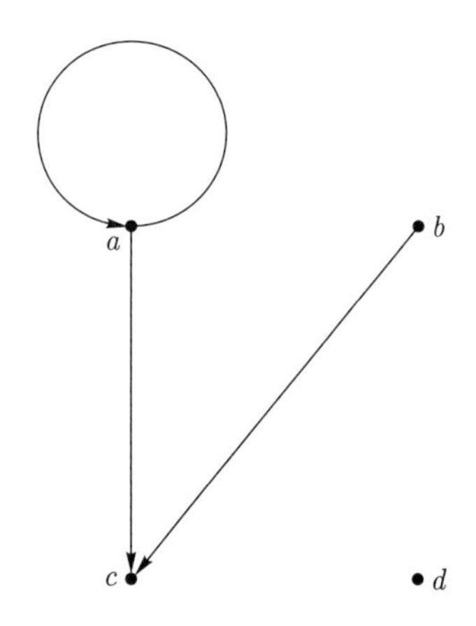

图 6.3 有向图表示的关系 R

定义 6.4 (**关系的性质**) 设 R 是集合 A 上的二元关系，则：

- 如果 $x \sim x$ 对于集合 A 中的任意元素 x 都成立，则 R 是自反的。
- 如果 $x \sim x$ 对于集合 A 中的所有元素 x 都不成立，则 R 是反自反的。
- 如果对于集合 A 中的任意元素 x, y，都存在 $x \sim y$ 蕴含 $y \sim x$，则 R 是对称的。
- 如果对于集合 A 中的任意元素 x, y，都能够由 $x \sim y$ 与 $y \sim x$ 推导得出 $x = y$，则 R 是反对称的。
- 如果对于集合 A 中的任意元素 x, y, z，都能够由 $x \sim y$ 与 $y \sim z$ 推导得出 $x \sim z$，则 R 是传递的。

这些性质反映在用有向图表示关系的某些特征中。自反关系的有向图在图的每个节点上都有一个环。反自反关系的图在任何节点上都没有环。对于既非自反关系，也非反自反关系的有向图，只在一些节点上有环，但并非所有节点上都存在环。

对称关系的有向图中的任意两个不同节点之间要么有两条弧，要么没有弧。对于反对称关系，图的任意两个不同节点之间要么有一条弧，要么没有弧。在对称和反对称关系图中可能会出现环，但不是一定存在环。

如果在传递关系的图中，从 x 到 y 和从 y 到 z 各有一条弧，那么从 x 到 z 也必须有一条弧。

例 6.6 设包含 3 个元素的集合 $\{1, 2, 3\}$ 满足图 6.4 所表示的关系，则：

- R_1 是自反的、对称的、反对称的和传递的，这是集合上的相等关系，且它不是反自反的。
- R_2 是对称的，但不是自反的、反自反的、反对称的或传递的。
- R_3 是反自反的和反对称的，但不是自反的、对称的或传递的。

- R_4 是反自反的、对称的、反对称的和传递的。它不是自反的，它是集合上的空关系。
- R_5 是集合上的普遍关系。它是自反的、对称的和传递的，但不是反自反的或反对称的。

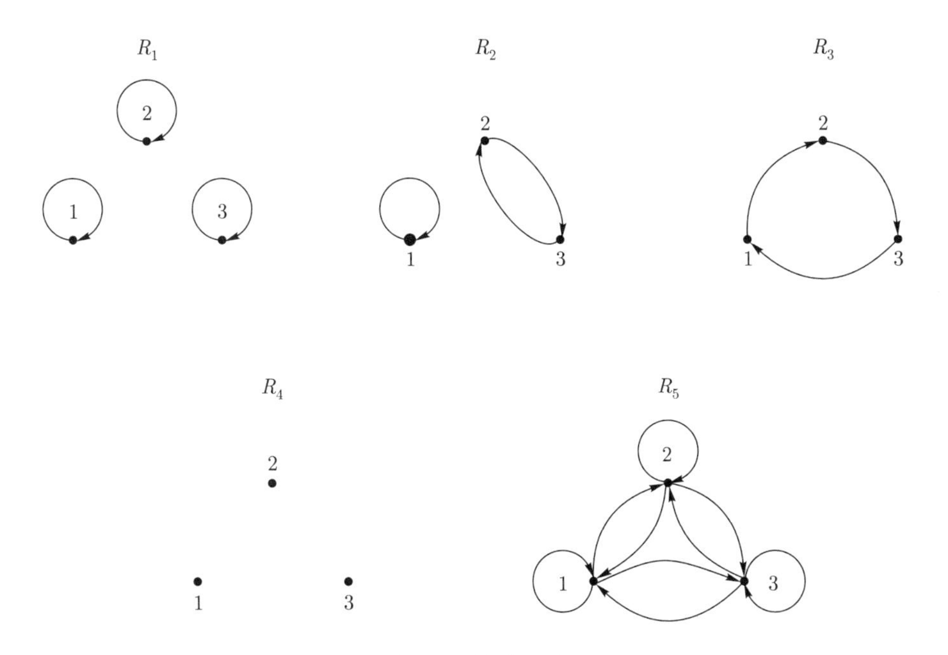

图 6.4 关系示例

6.2.3.1 等价关系

一个自反的、对称的和传递的关系称为等价关系。等价关系将集合 S 划分为互不相交的非空集合或等价类 $[a]=\{x \mid \langle a,x\rangle \in R\}$，其中 a 是 S 的元素，且 R 是等价关系。S 的所有等价类的集合 (S/R) 称为 S 关于 R 的商集，即 $S/R=\{[a] \mid a \in S\}$。元素 $y \in [a]$ 称为 $[a]$ 类的代表。

例 6.7 R 为平面上所有直线集合上的关系 $\|$（平行）。该关系是一个等价关系，因为：①对于每一条直线 l，存在 $l\|l$（自反性）；②对于任意两条直线 l_1、l_2，存在 $l_1\|l_2 \Rightarrow l_2\|l_1$（对称性）；③如果存在 $l_1\|l_2$ 和 $l_2\|l_3$，则 $l_1\|l_3$（传递性）。该关系将直线集划分为平行直线的等价类。一个类的每个元素都是这个类的代表。

6.2.3.2 序关系

一个自反的、反对称的和传递的关系称为序关系。序关系允许对集合中的元素进行比较。

例 6.8 两个集合之间的子集关系是序关系，因为：①对于所有集合，存在 $A \subseteq A$（自反性）；②如果 $A \subseteq B, B \subseteq A$，则 $A = B$（反对称性）；③如果 $A \subseteq B, B \subseteq C$，则 $A \subseteq C$（传递性）。

6.2.4 关系的组合

我们可以通过组合一系列关系来产生新的关系。在形式上，关系组合的定义如定义 6.5 所示。

定义 6.5 (关系的组合) 设 R_1 为从 A 到 B 的关系，R_2 为从 B 到 C 的关系。则从 A 到 C 的组合关系为 R_1R_2，其定义为

$$R_1R_2 = \{\langle a,c\rangle \mid a \in A \wedge c \in C \wedge \exists b\,[b \in B \wedge \langle a,b\rangle \in R_1 \wedge \langle b,c\rangle \in R_2]\}$$

关系的组合不符合交换律，但是符合结合律。

集合 A 上的关系 R 可以与它自己组合任意次数，以在 A 集合上形成一个新的关系。对于 RR，也可以记作 R^2，RRR 记作 R^3，等等。

例 6.9 如果 R 是“是父亲”的关系，则 RR 是“是祖父”的关系。

设集合 $A = \{a,b,c,d\}$，关系 $R_1 = \{\langle a,a\rangle, \langle a,b\rangle, \langle b,d\rangle\}$，$R_2 = \{\langle a,d\rangle, \langle b,c\rangle, \langle b,d\rangle, \langle c,b\rangle\}$ 为集合 A 上的关系，则 $R_1R_2 = \{\langle a,c\rangle, \langle a,d\rangle\}$，$R_2R_1 = \{\langle c,d\rangle\}$，$R_1^2 = \{\langle a,a\rangle, \langle a,b\rangle, \langle a,d\rangle\}$，$R_2^3 = \{\langle b,c\rangle, \langle c,b\rangle, \langle b,d\rangle\}$。

关系的组合可以用图 6.5 所示的有向图来说明。

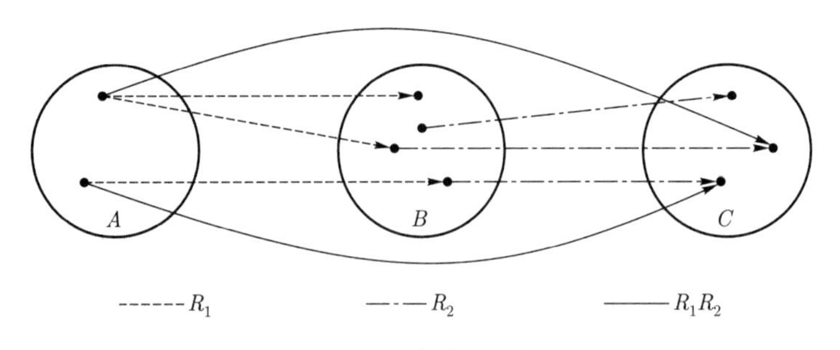

图 6.5 关系的组合

设 R_1 为从 A 到 B 的关系，R_2、R_3 为从 B 到 C 的关系，R_4 为从 C 到 D 的关系。那么以下陈述是正确的：

- $R_1(R_2 \cup R_3) = R_1R_2 \cup R_1R_3$；
- $R_1(R_2 \cap R_3) \subseteq R_1R_2 \cap R_1R_3$；
- $(R_2 \cup R_3)R_4 = R_2R_4 \cup R_3R_4$；
- $(R_2 \cap R_3)R_4 \subseteq R_2R_4 \cap R_3R_4$。

6.3 函　　数

函数是一种特殊的二元关系，它们的使用贯穿于整个数学学科中。

定义 6.6 (函数) 从 A 到 B 的函数（映射或变换）f，记作 $f: A \to B$，它是从 A 到 B 的二元关系，对于每一个 $a \in A$，都存在一个唯一的 $b \in B$，使得 $\langle a,b\rangle \in f$，记作 $f(a) = b$。其中 A 为 f 的定义域，B 为 f 的值域。a 是参数，b 是参数 a 的函数值。

要正确定义函数，必须指定定义域、值域，以及每个参数 x 的值 $f(x)$。请注意，关系和函数之间的主要区别在于，对于函数而言，参数不可能有多个值，并且定义域的每个元素都必须存在一个值。

例 6.10 设从自然数到自然数的函数 $f: \mathbb{N} \to \mathbb{N}$，其定义为 $f(x) = 2x-1$。该函数将所有自然数映射为奇数。1 映射到 1，2 映射到 3，3 映射到 5，等等。

例 6.11 设集合 $A = \{1,2\}$，$B = \{a,b,c\}$。如果定义域和值域是有限的，我们可以将函数表示为有向图。在图 6.6 中 (a) 和 (b) 是函数；(c) 和 (d) 不是函数。(c) 不是函数的原因为并不是定义域中的每个元素都存在一个值。(d) 不是函数的原因是参数 1 存在多个值。

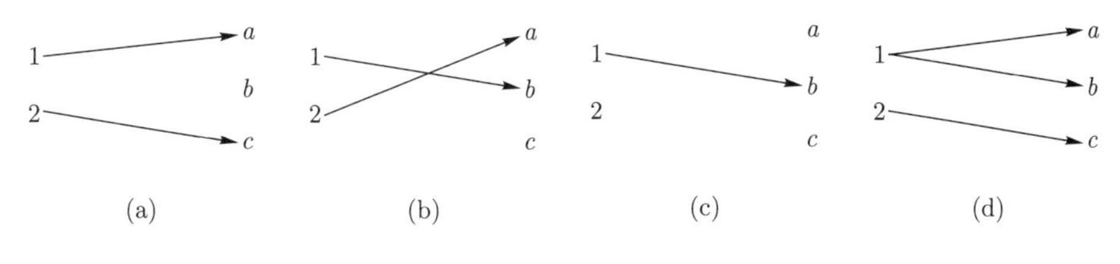

图 6.6　函数和关系

6.3.1 函数的组合

与关系一样，我们可以通过组合一系列函数来生成新函数。

定义 6.7 (**函数的组合**) 设 $g: A \to B$ 和 $f: B \to C$ 为两个函数。复合函数 $f \circ g$ 是从 A 到 C 的函数，对于 A 中的任意元素 x，存在 $(f \circ g)(x) = f(g(x))$。函数的组合不符合交换律，但是符合结合律。

注意，复合函数仅在第一个函数 g 的值域等于第二个函数 f 的定义域时定义。

例 6.12 设 $g: \mathbb{N} \to \mathbb{N}$，$g(x) = 2x$，$f: \mathbb{N} \to \mathbb{N}$，$f(x) = x + 1$，则复合函数 $f(g(x)) = 2x + 1$，复合函数 $g(f(x)) = 2x + 2$。

6.3.2 函数的分类

函数的某些特性非常重要，以至于专门为其定义了一些术语。

定义 6.8 (**满射**) 如果定义域的像是值域，或 $f(A) = B$，则从 A 到 B 的函数 f 称为满射函数。

定义 6.9 (**单射**) 如果不同的参数具有不同的值，或者如果 $a \neq a'$，则 $f(a) \neq f(a')$，则称从 A 到 B 的函数 f 为单射函数（一对一）。

定义 6.10 (**双射**) 如果从 A 到 B 的函数 f 是满射和单射的，则 f 是双射的（一一映像）。

例 6.13 设函数 $f: \mathbb{Z} \to \{0, 1\}$ 为从整数映射到集合 $\{0, 1\}$ 的函数，其定义为 $f(x) = \begin{cases} 0, & x \text{ 是偶数} \\ 1, & x \text{ 是奇数} \end{cases}$。该函数是满射的，但不是单射的。

例 6.14 设函数 $f: \mathbb{Z} \to \mathbb{Z}$，其定义为 $f(x) = 2x - 1$。该函数是单射的，但不是满射的。

例 6.15 设函数 $f: \mathbb{Z} \to \mathbb{Z}$，其定义为 $f(x) = x + 1$。该函数是双射的。

对于从实数到实数的函数，我们可以根据函数的图形解释满射、单射或双射的性质：

- 满射性：每条水平线与函数的图形至少相交一次。
- 单射性：没有水平线与函数的图形相交多于一次。
- 双射性：每条水平线与函数的图形恰好相交一次。

例 6.16 设函数 $f: \mathbb{R} \to \mathbb{R}$，其定义为 $f(x) = x^3 + 2x^2$。由于每条水平线与函数图形至少相交一次，因此该函数是满射的；然而该函数不是单射的，因为存在与函数图形相交不止一次的水平线 (例如 $y = 0$)，如图 6.7 所示。

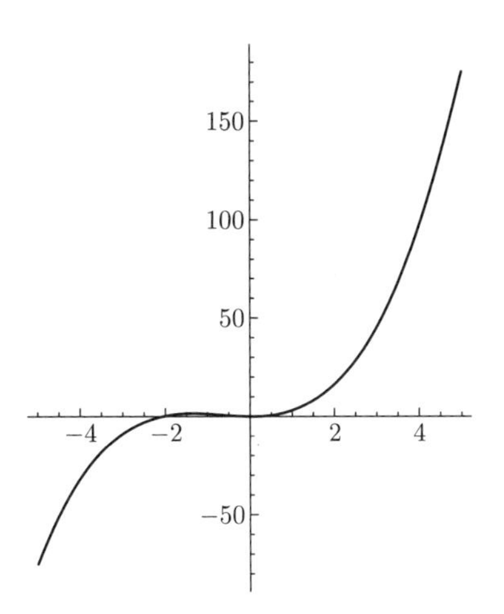

图 6.7 满射但不是单射函数的例子

例 6.17 设函数 $f:\mathbb{R}\to\mathbb{R}$，其定义为 $f(x)=2^x+10$。由于没有任何水平线与函数图形相交超过一次，因此该函数是单射的。但它不是满射的，因为有些水平线根本不与函数图形相交，如图 6.8 所示。

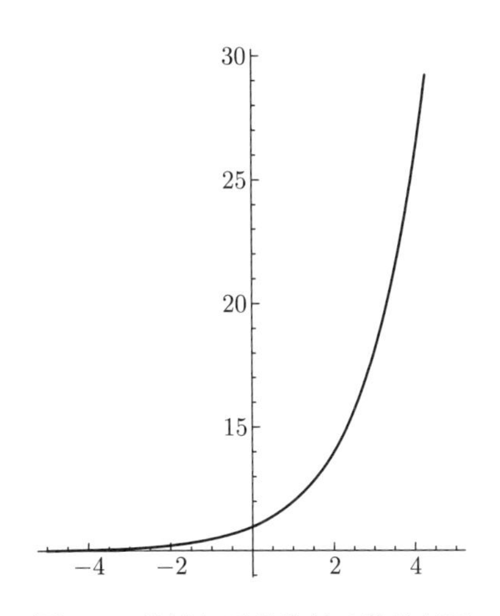

图 6.8 单射但不是满射函数的例子

例 6.18 设函数 $f:\mathbb{R}\to\mathbb{R}$，其定义为 $f(x)=x$。由于每条水平线与函数图形正好相交一次，因此该函数是双射的，如图 6.9 所示。

例 6.19 设函数 $f:\mathbb{R}\to\mathbb{R}$，其定义为 $f(x)=x^2$。该函数既不是满射的，也不是单射的，如图 6.10 所示。

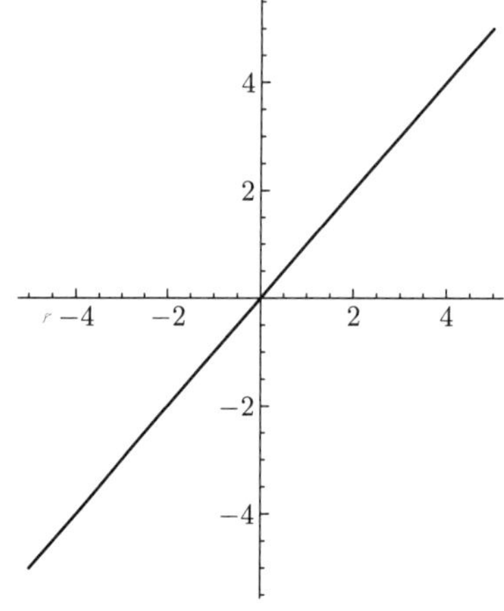

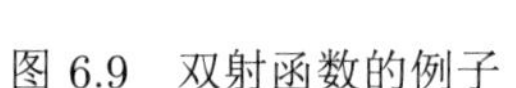
图 6.9 双射函数的例子

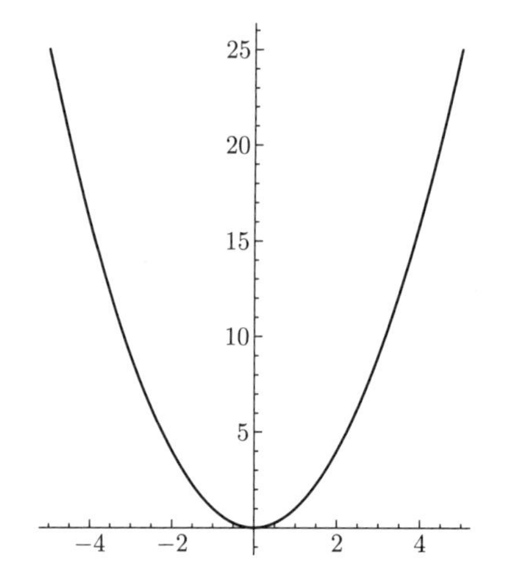

图 6.10 既不是满射也不是单射函数的例子

函数的这些特殊性质也通过复合函数传播。如果 $f \circ g$ 是复合函数，则：

- 如果 f 和 g 是满射的，则 $f \circ g$ 也是满射的。
- 如果 f 和 g 是单射的，则 $f \circ g$ 也是单射的。
- 如果 f 和 g 是双射的，则 $f \circ g$ 也是双射的。

这些说法的逆命题是不正确的，但是我们可以确定以下命题内容是正确的：

- 如果 $f \circ g$ 是满射的，则 f 是满射的。
- 如果 $f \circ g$ 是单射的，则 g 是单射的。
- 如果 $f \circ g$ 是双射的，则 f 是满射的，g 是单射的。

定义 6.11 (**反函数**) 设 $f: A \to B$ 是一个从 A 到 B 的双射函数。f 的逆关系称为 f 的反函数，记作 f^{-1}。

反函数仅在函数具有双射性时定义，同时反函数也是一个双射函数。

6.4 在 GIS 中的应用

关系在 GIS 中起着重要的作用。GIS 中最著名的关系示例是基于要素数据集构建单元之间的空间或拓扑关系。这些构建单元对应二维场景中的节点、圆弧和多边形。

在形式上，我们区分节点、弧和多边形集合的元素之间的以下关系：每条弧都与两个节点（起始节点和结束节点）存在关系；每条弧都与两个多边形（左多边形和右多边形）存在关系。图 6.11 展示了一个二维数据集以及节点、弧和多边形之间的拓扑关系。

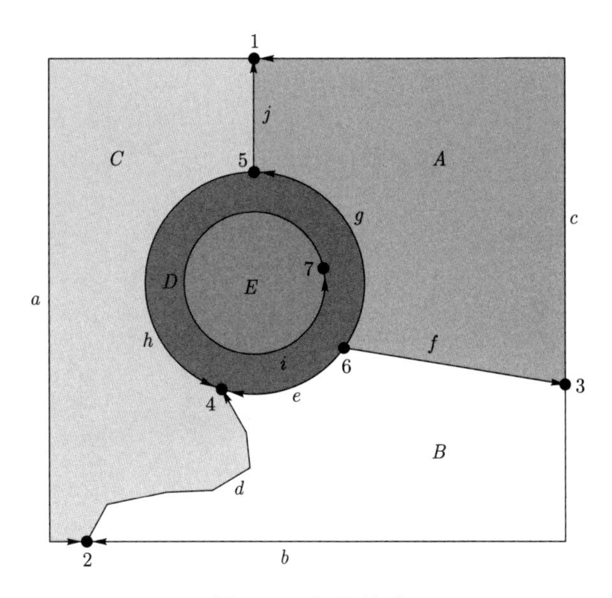

图 6.11 拓扑关系

注：与弧 i 存在关系的起始节点和结束节点均为 7；
“外界”也被视为一个多边形，我们将其记为 0。

在本例中，我们将节点的集合 N，弧的集合 A，多边形的集合 P 分别定义为 $N=\{1,2,3,4,5,6,7\}$，$A=\{a,b,c,d,e,f,g,h,i,j\}$，$P=\{A,B,C,D,E\}$。弧与起始节点–结束节点的关系定义为

$$AN=\{\langle a,1\rangle,\langle a,2\rangle,\langle b,2\rangle,\langle b,3\rangle,\langle c,3\rangle,\langle c,1\rangle,\langle d,2\rangle,\langle d,4\rangle,\langle e,4\rangle,\\ \langle e,6\rangle,\langle f,3\rangle,\langle f,6\rangle,\langle g,6\rangle,\langle g,5\rangle,\langle h,4\rangle,\langle h,5\rangle,\langle i,7\rangle,\langle j,5\rangle,\langle j,1\rangle\}$$

而弧与左多边形–右多边形的关系定义为

$$AP=\{\langle a,C\rangle,\langle a,0\rangle,\langle b,B\rangle,\langle b,0\rangle,\langle c,A\rangle,\langle c,0\rangle,\langle d,C\rangle,\langle d,B\rangle,\langle e,D\rangle,\langle e,B\rangle,\\ \langle f,B\rangle,\langle f,A\rangle,\langle g,D\rangle,\langle g,A\rangle,\langle h,C\rangle,\langle h,D\rangle,\langle i,D\rangle,\langle i,E\rangle,\langle j,C\rangle,\langle j,A\rangle\}$$

其他类型的关系是数据集中空间要素之间的关系。最著名的例子是简单空间区域之间的八种拓扑关系，它们可以从边界和内部的拓扑不变量中导出（见第 9 章）。图 6.12 展示了这些关系。

函数在 GIS 中以多种不同的形式出现。其中一个典型的应用是地图投影。地球表面上点的位置以纬度 ϕ 和经度 λ 的形式给定，分别通过东方向和北方向的两组映射规则将其映射到平面上的一个点，如下所示：

$$\text{东方向}=f_1(\phi,\lambda)$$
$$\text{北方向}=f_2(\phi,\lambda)$$

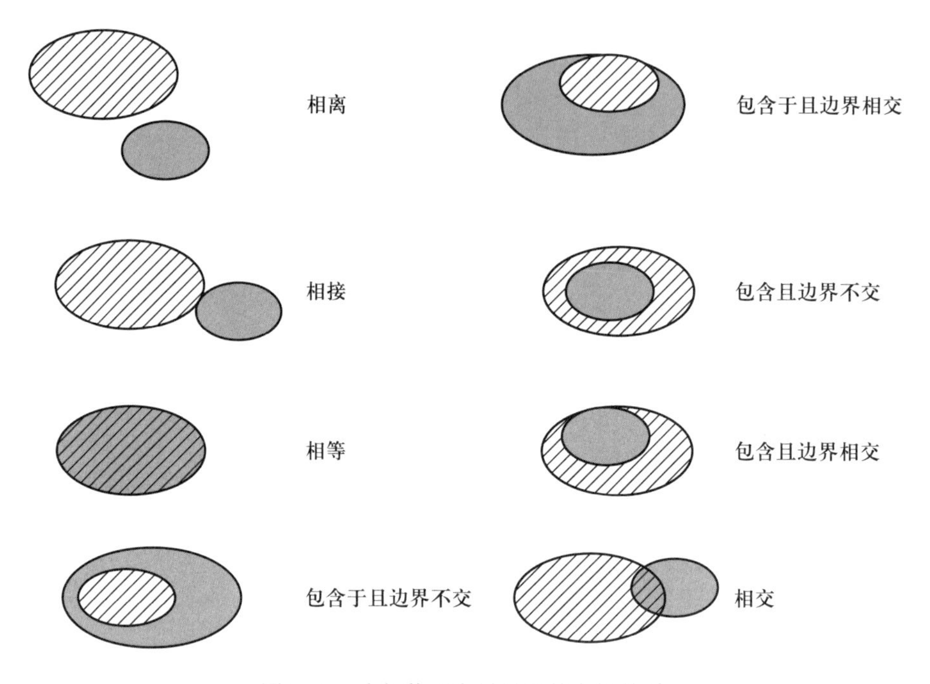

图 6.12 由拓扑不变量导出的空间关系

然而并非所有地图投影都是数学意义上的函数。例如，许多地图投影将极点映射到一条直线上，这意味着给定的参数具有多个值。这些将地球上的点映射到一条直线或根本无法映射的情况称为奇点。图 6.13 展示了两个投影，分别是将极点映射到一条线 (a) 和一个点 (b)。然而，在第二个投影中，根本无法绘制南极地图。

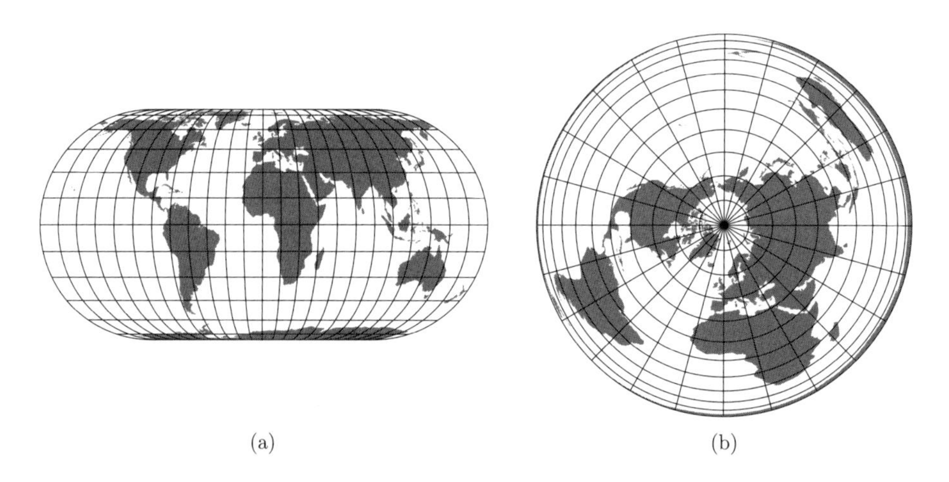

图 6.13 具有奇点的地图投影：(a) 埃克特 IV 投影；(b) 等积方位投影

6.5 习 题

习题 6.1 设 $A=\{a,b\}$，$B=\{2,3\}$，$C=\{3,4\}$，计算下列表达式：

(1) $A\times(B\cup C)$；

(2) $(A\times B)\cup(A\times C)$；

(3) $A\times(B\cap C)$；

(4) $(A\times B)\cap(A\times C)$。

习题 6.2 设 $W=\{1,2,3,4\}$，且 W 上存在以下关系：

(1) $R_1=\{\langle 1,1\rangle,\langle 1,2\rangle\}$；

(2) $R_2=\{\langle 1,1\rangle,\langle 2,3\rangle,\langle 4,1\rangle\}$；

(3) $R_3=\{\langle 1,3\rangle,\langle 2,4\rangle\}$；

(4) $R_4=\{\langle 1,1\rangle,\langle 2,2\rangle,\langle 3,3\rangle\}$。

请检查这些关系是否属于自反的、反自反的、对称的、反对称的或者传递的。

习题 6.3 设 $X=\{1,2,3,4\}$，下列哪个关系是对称的？哪个关系是传递的？如果关系不是对称或传递的，请解释原因。

(1) $f=\{\langle 2,3\rangle,\langle 1,4\rangle,\langle 2,1\rangle,\langle 3,2\rangle,\langle 4,4\rangle\}$；

(2) $g=\{\langle 3,1\rangle,\langle 4,2\rangle,\langle 1,1\rangle\}$；

(3) $h=\{\langle 2,1\rangle,\langle 3,4\rangle,\langle 1,4\rangle,\langle 2,1\rangle,\langle 4,4\rangle\}$。

习题 6.4 设 $X=\{1,2,3,4\}$，下列哪个关系是从 X 到 X 的函数？如果关系不是函数，请解释原因。

(1) $f=\{\langle 2,3\rangle,\langle 1,4\rangle,\langle 2,1\rangle,\langle 3,2\rangle,\langle 4,4\rangle\}$；

(2) $g=\{\langle 3,1\rangle,\langle 4,2\rangle,\langle 1,1\rangle\}$；

(3) $h=\{\langle 2,1\rangle,\langle 3,4\rangle,\langle 1,4\rangle,\langle 2,1\rangle,\langle 4,4\rangle\}$。

习题 6.5 设 R_1,R_2 是集合 $A=\{a,b,c,d\}$ 上的关系，且 $R_1=\{\langle a,a\rangle,\langle a,c\rangle,\langle c,d\rangle\}$，$R_2=\{\langle a,d\rangle,\langle b,c\rangle,\langle b,b\rangle,\langle c,d\rangle\}$。计算 R_1R_2, R_2R_1, R_1^2, R_2^3。

习题 6.6 设 $f:\mathbb{R}\to\mathbb{R}$，其定义为 $f(x)=x^2-3x+2$。计算

$$\frac{f(x+h)-f(x)}{h}$$

习题 6.7 设 f,g 是集合 $X=\{1,2,3,4,5\}$ 上的函数，其定义为

$$f=\{\langle 1,3\rangle,\langle 2,5\rangle,\langle 3,3\rangle,\langle 4,1\rangle,\langle 5,2\rangle\}$$
$$g=\{\langle 1,4\rangle,\langle 2,1\rangle,\langle 3,1\rangle,\langle 4,2\rangle,\langle 5,3\rangle\}$$

(1) 计算 f,g 的值域；

(2) 计算 $g\circ f$ 和 $f\circ g$。

第 7 章

坐标系与坐标转换

空间中的所有点都可以由它们的坐标作为唯一参照。我们根据空间的类型区分不同的坐标系，例如欧几里得空间的笛卡儿坐标系、球体的球面坐标系和椭球体的椭圆坐标系，这里的球体和椭球体是用来近似模拟地球形状的几何体。

点、弧、多边形以及栅格像元等空间要素通过坐标在空间上进行参照。通常，为了移动、旋转、缩放或扭曲这些要素，需要对坐标进行转换。在本章中，我们将讨论应用于欧几里得空间几何特征的常用坐标系和坐标转换。

7.1 坐 标 系

坐标系的功能是为空间中的任何一个点指定一对或三个实数，即点的坐标。最常见的坐标系是笛卡儿坐标系和极坐标系。在本章中，我们讨论一个二维或三维实空间（也称为欧几里得空间），在其中每个点都有实值坐标。

7.1.1 笛卡儿坐标系

在实平面 $\mathbb{R}^2$ 中，每个点 P 都有一对唯一的实数 (x, y)，并且指定 $x, y \in \mathbb{R}$。另一方面，每对实数 (x, y) 在实平面上唯一地定义一个点。我们定义一个点 O，即原点，并获取通过该点的两条垂直线，即轴。其中，水平轴称为 x 轴，垂直轴称为 y 轴。每个点 P 都由其笛卡儿坐标 $P(x, y)$ 唯一确定。图 7.1 显示了一个点的笛卡儿坐标。

通过在 $\mathbb{R}^3$ 中定义笛卡儿坐标系，我们可以很容易地将平面上的二维坐标扩展到立体空间上的三维坐标，于是，每个点 P 由笛卡儿坐标的三维坐标 (x, y, z) 明确定义，如图 7.2 所示。

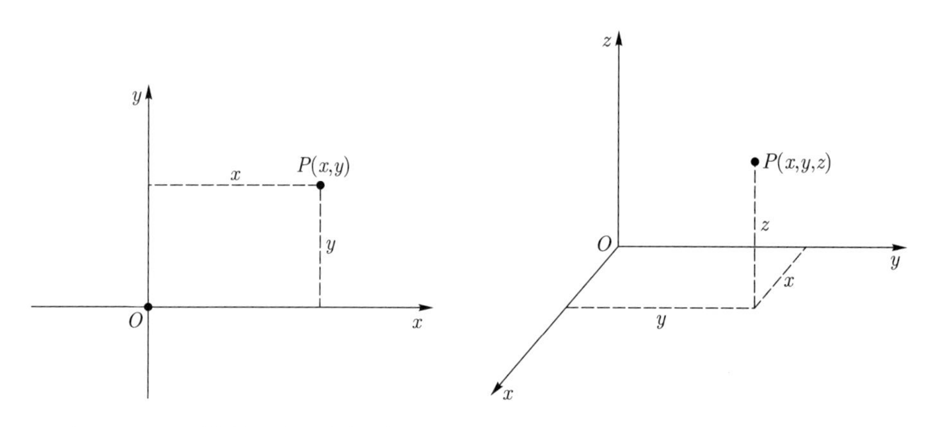

图 7.1 平面中的笛卡儿坐标系

图 7.2 三维空间中的笛卡儿坐标系

7.1.2 极坐标系

为平面中的点指定唯一坐标的另一种方法是使用极坐标。极坐标通过由一个固定点 O（即原点或极点）和一条穿过极点的线（即极轴）构成的极坐标系进行定义和值的确定。于是，平面中的每个点由其与极点的距离（半径 r）以及半径与极轴之间的角度 φ 确定，如图 7.3 所示。

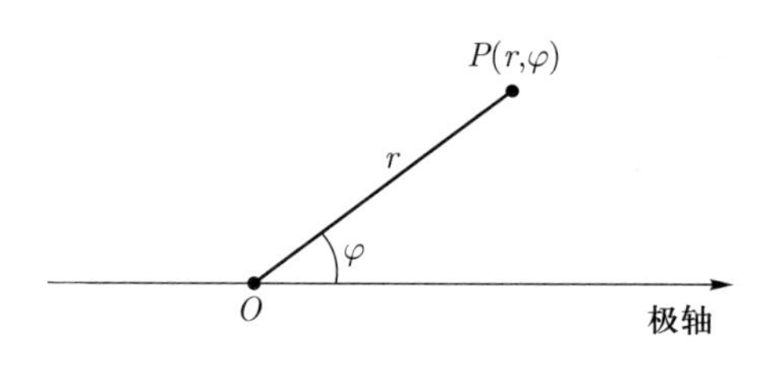

图 7.3 平面中的极坐标系

在三维极坐标系（或球面坐标系）中，一个点 P 由原点到该点的半径 r 和两个角度定义：$\overline{OP}$ 在 xOy 平面上的投影与 x 轴正半轴之间的角度 φ，以及 $\overline{OP}$ 与 z 轴正半轴之间的角度 θ，如图 7.4 所示。

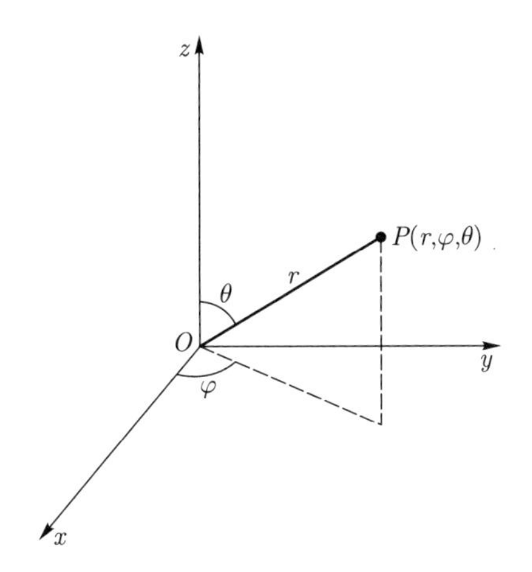

图 7.4 球面坐标系

7.1.3 笛卡儿坐标系和极坐标系之间的转换

x 和 y 与 r 和 φ 之间的关系如图 7.5 所示，可通过以下对应关系表示：

$$x = r\cos\varphi$$

$$y = r\sin\varphi$$

$$r = \sqrt{x^2 + y^2}$$

$$\tan\varphi = \frac{y}{x}, \quad \varphi \in [0, 2\pi) \bigg\backslash \left\{(2k+1)\frac{\pi}{2} \,\middle|\, k \in \mathbb{Z}\right\}$$

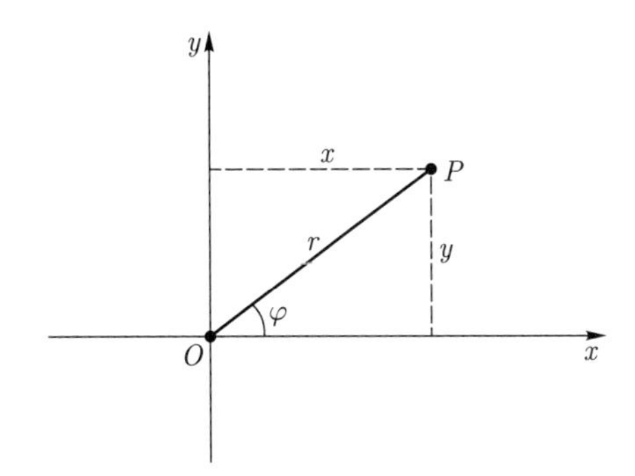

图 7.5 平面中笛卡儿坐标和极坐标之间的转换

例 7.1 在给定点 $P(3,4)$ 的笛卡儿坐标系中，我们可以通过计算 $r = \sqrt{3^2+4^2} = \sqrt{9+16} = \sqrt{25} = 5$ 和 $\tan\varphi = \dfrac{4}{3} = 1.3333$，即 $\varphi = 53.13°$，得到它的极坐标 $P(5, 53.13°)$。

三维笛卡儿坐标和球面坐标之间的转换可使用以下公式（图 7.6）：

$$x = r\sin\theta\cos\varphi$$

$$y = r\sin\theta\sin\varphi$$

$$z = r\cos\theta$$

$$r = \sqrt{x^2 + y^2 + z^2}$$

$$\sin\varphi = \frac{y}{\sqrt{x^2 + y^2}}$$

$$\cos\varphi = \frac{x}{\sqrt{x^2 + y^2}}$$

$$\cos\theta = \frac{z}{r}$$

$$\tan\theta = \frac{\sqrt{x^2 + y^2}}{z}, \quad \theta \in [0, \pi] \Big\backslash \left\{\frac{\pi}{2}\right\}$$

$$\tan\varphi = \frac{y}{x}, \quad \varphi \in [0, 2\pi) \Big\backslash \left\{(2k+1)\frac{\pi}{2} \,\middle|\, k \in \mathbb{Z}\right\}$$

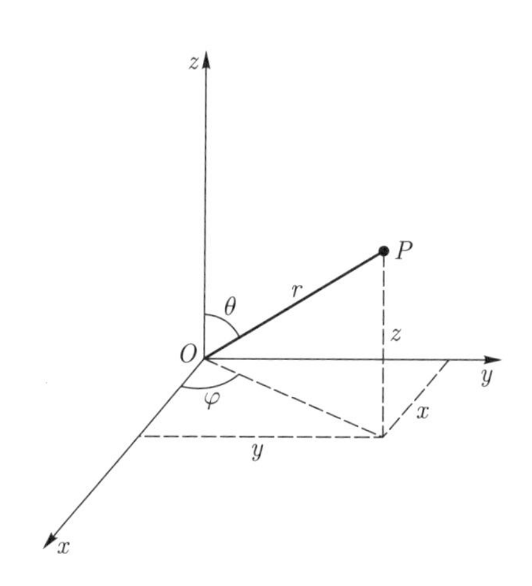

图 7.6　笛卡儿坐标和球面坐标之间的转换

例 7.2　在三维欧几里得空间 $\mathbb{R}^3$ 中给定一个点 $P(2,3,4)$，我们可以通过计算 $r = \sqrt{2^2 + 3^2 + 4^2} = \sqrt{4 + 9 + 16} = \sqrt{29} = 5.385, \cos\theta = \dfrac{4}{5.385} = 0.743$ 和 $\tan\varphi = \dfrac{3}{2} = 1.5$ 来计算它的球面坐标，这里我们计算得到 $\theta = 42.03°$ 和 $\varphi = 56.31°$。

7.1.4 地理坐标系

地理坐标系是球面坐标系的一个特例，它用于确定定义在地球表面点要素的位置，如图 7.7 所示。地理坐标系的原点 M 是地球的中心。赤道 E 位于由 x 轴和 y 轴定义的平面内。由 xMz 平面与地球球面相交所确定的圆 G 是穿过格林尼治的本初子午线。地球表面的每一个点 P 都由其纬度 φ 和经度 λ 唯一定义，表示为 $P(\varphi, \lambda)$。

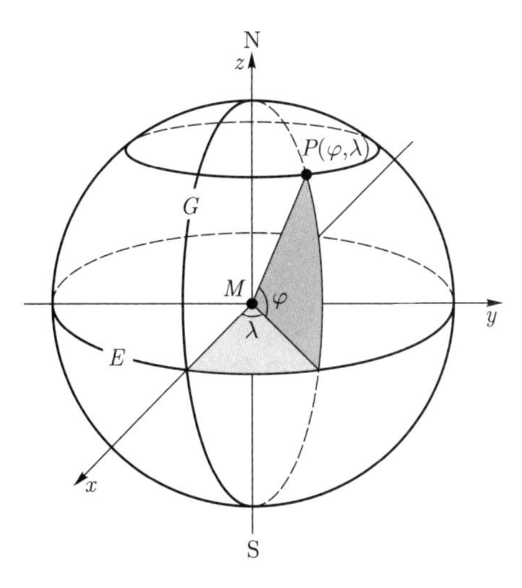

图 7.7　地理坐标系

纬度是指赤道平面与从原点到该点的半径向北（正纬度）或向南（负纬度）的夹角。北半球的纬度范围是 $0° \sim 90°$，南半球的纬度范围是 $0° \sim -90°$。注意，这与球坐标中角度的定义方式不同。

经度是穿过本初子午线和原点的平面与穿过点 P 和原点的子午线平面之间的角度。东经 $(0° \sim 180°)$ 为正，西经 $(0° \sim -180°)$ 为负。

穿过两极的每一个圆都被称为经线；与赤道平面平行的每个圆称为纬线。在实际计算中，地球半径 R 假定为 6370 km。

例 7.3 奥地利维也纳机场的纬度为北纬 $48°07'$，经度为东经 $16°34'$，或用 VIE(48.1167°,16.5667°) 表示。

7.2 向量和矩阵

向量和矩阵在几何图形的分析处理中起着重要作用。我们可以用点向量来表示空间中的点，并且我们可以通过向量表示法来开展许多与几何图形特征相关的计算。

7.2.1 矢量

向量空间的元素称为向量，在第 8.2.4 节中，我们定义了向量空间的代数结构，同时定义了向量间运算以及向量与标量运算的几个定理。这里，我们将向量定义为二维或三维实空间中的一类箭头。

定义 7.1 (向量) 向量是一组在空间中长度相同的平行定向箭头的统称。单个箭头称为向量的表示。

为简单起见，我们将不区分向量和表示，只将表示称为向量。向量的尾部称为起始点，箭头的头部称为终点。

$\mathbb{R}^3$ 中的每个点 $P(x, y, z)$ 都可以用点向量 $\boldsymbol{P} = \begin{pmatrix} x \\ y \\ z \end{pmatrix}$ 表示①，如图 7.8 所示。在 $\mathbb{R}^2$ 中点向量分量减少到 x 坐标分量和 y 坐标分量两个分量。

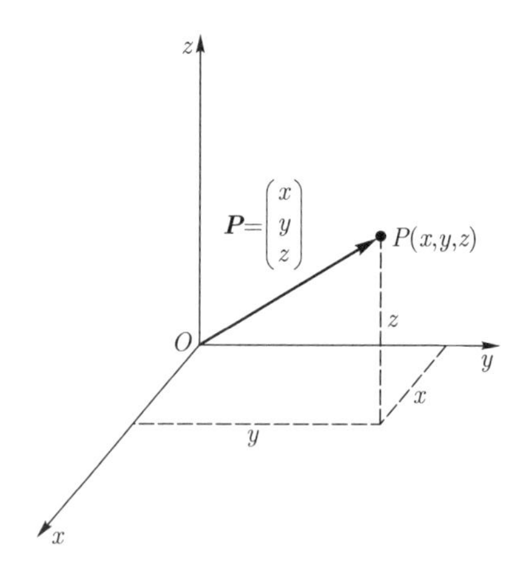

图 7.8 点向量

① 为了更紧凑地表示向量，我们还将向量写作 $\boldsymbol{P} = (x, y, z)$。

向量的长度定义如下：在 $\mathbb{R}^3$ 中 $|\boldsymbol{P}| = \sqrt{x^2+y^2+z^2}$，在 $\mathbb{R}^2$ 中 $|\boldsymbol{P}| = \sqrt{x^2+y^2}$。

长度为 1 的向量称为单位向量。

从第 8.2.4 节我们知道，可以为向量定义标量的加法和乘法运算：

$$\boldsymbol{a}+\boldsymbol{b} = \begin{pmatrix} a_x \\ a_y \\ a_z \end{pmatrix} + \begin{pmatrix} b_x \\ b_y \\ b_z \end{pmatrix} = \begin{pmatrix} a_x+b_x \\ a_y+b_y \\ a_z+b_z \end{pmatrix}$$

和

$$\lambda\boldsymbol{a} = \lambda \begin{pmatrix} a_x \\ a_y \\ a_z \end{pmatrix} = \begin{pmatrix} \lambda a_x \\ \lambda a_y \\ \lambda a_z \end{pmatrix}$$

例 7.4 两个三维向量 $\begin{pmatrix} 1 \\ 2 \\ 3 \end{pmatrix}$ 与 $\begin{pmatrix} 4 \\ 5 \\ 6 \end{pmatrix}$ 的和为

$$\begin{pmatrix} 1 \\ 2 \\ 3 \end{pmatrix} + \begin{pmatrix} 4 \\ 5 \\ 6 \end{pmatrix} = \begin{pmatrix} 1+4 \\ 2+5 \\ 3+6 \end{pmatrix} = \begin{pmatrix} 5 \\ 7 \\ 9 \end{pmatrix}$$

除了向量的加法和向量与标量的乘法之外，我们还定义了三种不同的向量积，它们在几何上都具有可解释性。

定义 7.2 (点积) 如果 $\boldsymbol{a}$ 和 $\boldsymbol{b}$ 是两个向量，则点积（或欧几里得内积）定义为

$$\boldsymbol{a}\cdot\boldsymbol{b} = \begin{pmatrix} a_x \\ a_y \\ a_z \end{pmatrix} \cdot \begin{pmatrix} b_x \\ b_y \\ b_z \end{pmatrix} = a_x b_x + a_y b_y + a_z b_z$$

点积的结果总是一个数字（标量）。点积满足交换律和分配律，但不满足结合律：

$$\boldsymbol{a}\cdot\boldsymbol{b} = \boldsymbol{b}\cdot\boldsymbol{a}$$

$$(\boldsymbol{a}+\boldsymbol{b})\cdot\boldsymbol{c} = \boldsymbol{a}\cdot\boldsymbol{c}+\boldsymbol{b}\cdot\boldsymbol{c}$$

根据以下公式，点积可用于计算两个矢量 $\boldsymbol{a}$ 和 $\boldsymbol{b}$ 之间的角度 φ：

$$\cos\varphi = \frac{\boldsymbol{a}\cdot\boldsymbol{b}}{|\boldsymbol{a}|\cdot|\boldsymbol{b}|}$$

例 7.5 两个向量 $\boldsymbol{a}=(1,2,3)$ 与 $\boldsymbol{b}=(3,1,1)$ 的夹角 φ 根据公式计算为 $\cos\varphi=\dfrac{1\cdot3+2\cdot1+3\cdot1}{\sqrt{1+4+9}\cdot\sqrt{9+1+1}}=\dfrac{8}{\sqrt{14}\cdot\sqrt{11}}=0.645$，得到 $\varphi=49.86°$。

定义 7.3 (叉积) 如果 $\boldsymbol{a}$ 和 $\boldsymbol{b}$ 是两个向量，则叉积定义为

$$\boldsymbol{c}=\boldsymbol{a}\times\boldsymbol{b}=\begin{pmatrix}a_x\\a_y\\a_z\end{pmatrix}\times\begin{pmatrix}b_x\\b_y\\b_z\end{pmatrix}=\begin{pmatrix}a_yb_z-a_zb_y\\a_zb_x-a_xb_z\\a_xb_y-a_yb_x\end{pmatrix}$$

叉积的结果是一个向量。满足分配律，但不满足交换律：

$$(\boldsymbol{a}+\boldsymbol{b})\times\boldsymbol{c}=\boldsymbol{a}\times\boldsymbol{c}+\boldsymbol{b}\times\boldsymbol{c}$$
$$\boldsymbol{a}\times\boldsymbol{b}=-\boldsymbol{b}\times\boldsymbol{a}$$

叉积可以如图 7.9 所示进行几何上的解释：

- 乘积向量 $\boldsymbol{c}$ 与向量 $\boldsymbol{a}$ 和 $\boldsymbol{b}$ 垂直。
- $\boldsymbol{a},\boldsymbol{b}$ 和 $\boldsymbol{c}$ 构成右旋坐标系。
- 根据公式 $|\boldsymbol{c}|=|\boldsymbol{a}\times\boldsymbol{b}|=|\boldsymbol{a}|\cdot|\boldsymbol{b}|\cdot\sin\varphi$，$\boldsymbol{c}$ 的长度等于由 $\boldsymbol{a}$ 和 $\boldsymbol{b}$ 所张成的平行四边形的面积，其中 φ 是两个向量之间的夹角。

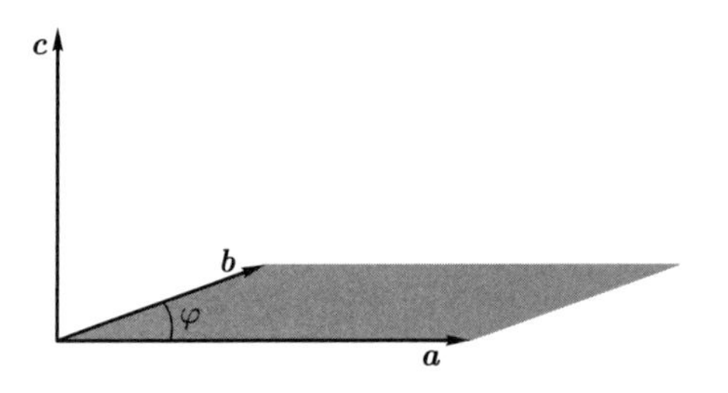

图 7.9 两个向量的叉积

例 7.6 $\boldsymbol{a}=(1,0,0)$ 和 $\boldsymbol{b}=(1,1,0)$ 两个向量的叉积等于

$$\boldsymbol{a}\times\boldsymbol{b}=\begin{pmatrix}1\\0\\0\end{pmatrix}\times\begin{pmatrix}1\\1\\0\end{pmatrix}=\begin{pmatrix}0\cdot0-0\cdot1\\0\cdot1-1\cdot0\\1\cdot1-0\cdot1\end{pmatrix}=\begin{pmatrix}0\\0\\1\end{pmatrix}$$

并且这个向量的长度是 1。$\boldsymbol{a}$ 和 $\boldsymbol{b}$ 之间的角度是 45°。因此，我们可以计算出叉积的长度为 $1\cdot\sqrt{2}\cdot\dfrac{\sqrt{2}}{2}=1$。

定义 7.4 (标量三重积) 如果 $\boldsymbol{a},\boldsymbol{b}$ 和 $\boldsymbol{c}$ 是三个向量，则标量三重积定义为

$$
\begin{aligned}
(\boldsymbol{abc}) &= (\boldsymbol{a}\times\boldsymbol{b})\cdot\boldsymbol{c} = \boldsymbol{c}\cdot(\boldsymbol{a}\times\boldsymbol{b})\\
&= a_x\left(b_y c_z - b_z c_y\right) - a_y\left(b_x c_z - b_z c_x\right) + a_z\left(b_x c_y - b_y c_x\right)
\end{aligned}
$$

如果这三个向量不在同一平面上，那么当它们基于共同的起始点定位时，它们就会形成一个平行六面体（图 7.10）。标量三重积的结果相当于这个平行六面体的体积值，也可以根据如下公式计算：

$$(\boldsymbol{abc}) = |\boldsymbol{a}\times\boldsymbol{b}|\cdot|\boldsymbol{c}|\cdot\cos\gamma$$

其中，γ 是 $\boldsymbol{a}\times\boldsymbol{b}$ 的叉积和 $\boldsymbol{c}$ 的夹角。

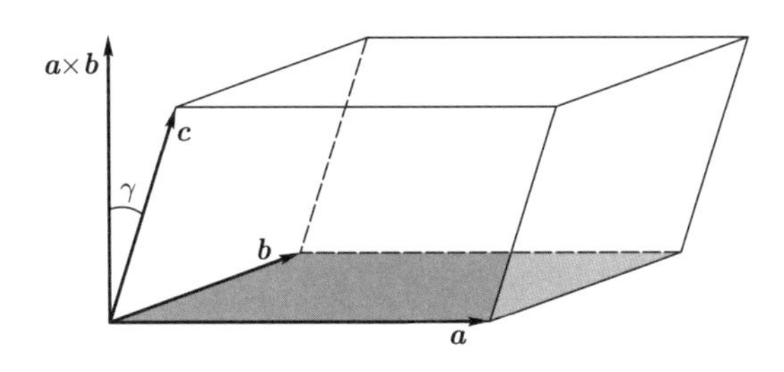

图 7.10 标量三重积

例 7.7 代入定义 7.4 中给出的公式计算 $\boldsymbol{a}=(2,-6,2),\boldsymbol{b}=(0,4,-2)$ 和 $\boldsymbol{c}=(2,2,-4)$ 组成的平行六面体体积，其体积为

$$
\begin{aligned}
&2\cdot[4\cdot(-4)-(-2)\cdot 2]-(-6)\cdot[0\cdot(-4)-(-2)\cdot 2]+2\cdot[0\cdot 2-4\cdot 2]\\
&=2\cdot(-12)-(-6)\cdot 4+2\cdot(-8)\\
&=-24+24-16\\
&=-16
\end{aligned}
$$

点积、叉积和标量三重积之间存在以下对应关系：

$$
\begin{gathered}
\boldsymbol{a}\times(\boldsymbol{b}\times\boldsymbol{c}) = (\boldsymbol{a}\cdot\boldsymbol{c})\boldsymbol{b}-(\boldsymbol{a}\cdot\boldsymbol{b})\boldsymbol{c}\\
(\boldsymbol{a}\times\boldsymbol{b})\cdot(\boldsymbol{c}\times\boldsymbol{d}) = (\boldsymbol{a}\cdot\boldsymbol{c})(\boldsymbol{b}\cdot\boldsymbol{d})-(\boldsymbol{a}\cdot\boldsymbol{d})(\boldsymbol{b}\cdot\boldsymbol{c})\\
(\boldsymbol{a}\times\boldsymbol{b})^2 = \boldsymbol{a}^2\boldsymbol{b}^2-(\boldsymbol{a}\cdot\boldsymbol{b})^2\\
(\boldsymbol{a}\times\boldsymbol{b})\times(\boldsymbol{c}\times\boldsymbol{d}) = \boldsymbol{c}(\boldsymbol{abd})-\boldsymbol{d}(\boldsymbol{abc})
\end{gathered}
$$

7.2.2 矩阵

实数的矩形数组在数学科学中经常出现，并且作为一种数据结构应用于计算机科学中。

定义 7.5 (矩阵) 矩阵是实数的矩形数组。数组中的数字称为矩阵中的元素。

矩阵 $\boldsymbol{M}$ 是由 m 行和 n 列数字组成的矩形数组，表示为

$$\boldsymbol{M}=\begin{pmatrix} a_{11} & a_{12} & a_{13} & \cdots & a_{1n} \\ a_{21} & a_{22} & a_{23} & \cdots & a_{2n} \\ \vdots & \vdots & \vdots & & \vdots \\ a_{m1} & a_{m2} & a_{m3} & \cdots & a_{mn} \end{pmatrix}$$

我们称 $\boldsymbol{M}$ 为一个 $m\times n$ 矩阵。这些矩阵构成了一个向量空间，并可以根据以下规则将矩阵与矩阵相乘，以及将矩阵与向量相乘。

设 $\boldsymbol{A}$ 和 $\boldsymbol{B}$ 为两个矩阵，它们的和被定义为

$$\begin{pmatrix} a_{11} & a_{12} & \cdots & a_{1n} \\ a_{21} & a_{22} & \cdots & a_{2n} \\ \vdots & \vdots & & \vdots \\ a_{m1} & a_{m2} & \cdots & a_{mn} \end{pmatrix}+\begin{pmatrix} b_{11} & b_{12} & \cdots & b_{1n} \\ b_{21} & b_{22} & \cdots & b_{2n} \\ \vdots & \vdots & & \vdots \\ b_{m1} & b_{m2} & \cdots & b_{mn} \end{pmatrix}$$
$$=\begin{pmatrix} a_{11}+b_{11} & a_{12}+b_{12} & \cdots & a_{1n}+b_{1n} \\ a_{21}+b_{21} & a_{22}+b_{22} & \cdots & a_{2n}+b_{2n} \\ \vdots & \vdots & & \vdots \\ a_{m1}+b_{m1} & a_{m2}+b_{m2} & \cdots & a_{mn}+b_{mn} \end{pmatrix}$$

注意，矩阵相加得到的和具有与输入矩阵相同的行数和列数，并且两个输入矩阵的行数和列数必须相同。如果行数和列数不匹配，则不能求和。

矩阵 $\boldsymbol{A}$ 与标量 s 的乘法定义为

$$s\boldsymbol{A}=s\begin{pmatrix} a_{11} & a_{12} & \cdots & a_{1n} \\ a_{21} & a_{22} & \cdots & a_{2n} \\ \vdots & \vdots & & \vdots \\ a_{m1} & a_{m2} & \cdots & a_{mn} \end{pmatrix}=\begin{pmatrix} sa_{11} & sa_{12} & \cdots & sa_{1n} \\ sa_{21} & sa_{22} & \cdots & sa_{2n} \\ \vdots & \vdots & & \vdots \\ sa_{m1} & sa_{m2} & \cdots & sa_{mn} \end{pmatrix}$$

两个矩阵 $\boldsymbol{A}$ 和 $\boldsymbol{B}$ 的乘积只有在 $\boldsymbol{A}$ 的列数等于 $\boldsymbol{B}$ 的行数时才有意义。给定一个 $m\times p$ 的矩阵 $\boldsymbol{A}$ 和一个 $p\times n$ 的矩阵 $\boldsymbol{B}$，乘积 $\boldsymbol{C}=\boldsymbol{AB}$ 是一个 $m\times n$ 矩阵，其中乘积的每个元素 c_{ij} 根据以下模式进行计算：

$$\begin{pmatrix} a_{11} & \cdots & a_{1p} \\ \vdots & & \vdots \\ \boldsymbol{a}_{i1} & \cdots & \boldsymbol{a}_{ip} \\ \vdots & & \vdots \\ a_{m1} & \cdots & a_{mp} \end{pmatrix}\begin{pmatrix} b_{11} & \cdots & \boldsymbol{b}_{1j} & \cdots & b_{1n} \\ \vdots & & \vdots & & \vdots \\ b_{p1} & \cdots & \boldsymbol{b}_{pj} & \cdots & b_{pn} \end{pmatrix}=\begin{pmatrix} c_{11} & \cdots & c_{1n} \\ \vdots & \boldsymbol{c}_{ij} & \vdots \\ c_{m1} & \cdots & c_{mn} \end{pmatrix}$$

其中，$c_{ij}=a_{i1}b_{1j}+a_{i2}b_{2j}+\cdots+a_{ip}b_{pj}=\sum_{k=1}^{p}a_{ik}b_{kj}$。

例 7.8 两个矩阵 $\begin{pmatrix} r & s \\ t & u \end{pmatrix}$ 和 $\begin{pmatrix} a_1 & a_2 & a_3 \\ b_1 & b_2 & b_3 \end{pmatrix}$ 的乘积计算为

$$\begin{pmatrix} r & s \\ t & u \end{pmatrix}\begin{pmatrix} a_1 & a_2 & a_3 \\ b_1 & b_2 & b_3 \end{pmatrix}=\begin{pmatrix} ra_1+sb_1 & ra_2+sb_2 & ra_3+sb_3 \\ ta_1+ub_1 & ta_2+ub_2 & ta_3+ub_3 \end{pmatrix}$$

例 7.9 矩阵 $\begin{pmatrix} 1 & 2 \\ 3 & 4 \end{pmatrix}$ 和 $\begin{pmatrix} 5 & 6 \\ 7 & 8 \end{pmatrix}$ 的乘积计算为

$$\begin{pmatrix} 1 & 2 \\ 3 & 4 \end{pmatrix}\begin{pmatrix} 5 & 6 \\ 7 & 8 \end{pmatrix}=\begin{pmatrix} 1\cdot5+2\cdot7 & 1\cdot6+2\cdot8 \\ 3\cdot5+4\cdot7 & 3\cdot6+4\cdot8 \end{pmatrix}=\begin{pmatrix} 19 & 22 \\ 43 & 50 \end{pmatrix}$$

7.3 变　　换

当我们旋转、移动或缩放几何图形时，我们需要开展几何变换。在这里，我们将重点介绍平面坐标系及其变换方法。与变换相关的另一个问题是确定两个平面坐标系之间的变换参数，以弥补缩放、旋转、倾斜和平移带来的误差。对此我们将讨论 Helmert（或相似性）变换和仿射变换，它们都为这个问题提供了解决方案。

7.3.1 几何变换

在以下部分中，我们将讨论使用笛卡儿坐标的平面几何变换。

7.3.1.1 平移

几何图形在水平和垂直方向上的移动会导致平移操作（图 7.11）。x 方向上的平移因子为 t_x，y 方向上的平移因子为 t_y，它们不一定是相同的。

给定点 $P(x,y)$ 的坐标，根据以下公式计算新点的坐标 $P'(x',y')$：

$$x'=x+t_x$$
$$y'=y+t_y$$

在矩阵表示法中，我们可以将点的平移定义为由它的向量 $\boldsymbol{P}=\begin{pmatrix} x \\ y \end{pmatrix}$ 与

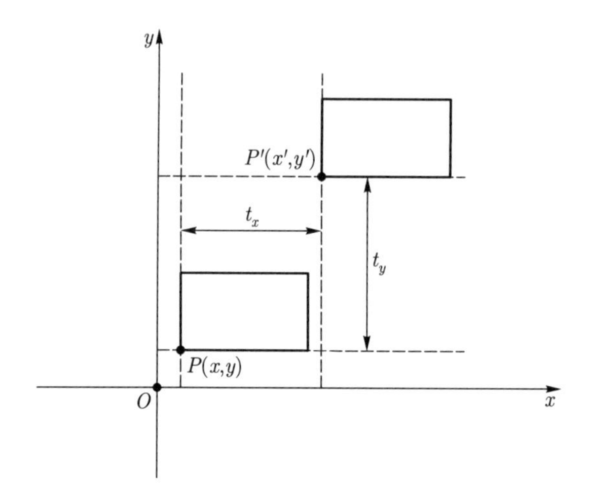

图 7.11 平移

平移向量 $\boldsymbol{t}=\begin{pmatrix} t_x \\ t_y \end{pmatrix}$ 通过 $\boldsymbol{P}'=\boldsymbol{P}+\boldsymbol{t}$ 或 $\begin{pmatrix} x' \\ y' \end{pmatrix}=\begin{pmatrix} x \\ y \end{pmatrix}+\begin{pmatrix} t_x \\ t_y \end{pmatrix}$ 得到新的点 $\boldsymbol{P}'=\begin{pmatrix} x' \\ y' \end{pmatrix}$。

7.3.1.2 旋转

几何图形在二维坐标系中旋转角度 ϕ，如图 7.12 所示。

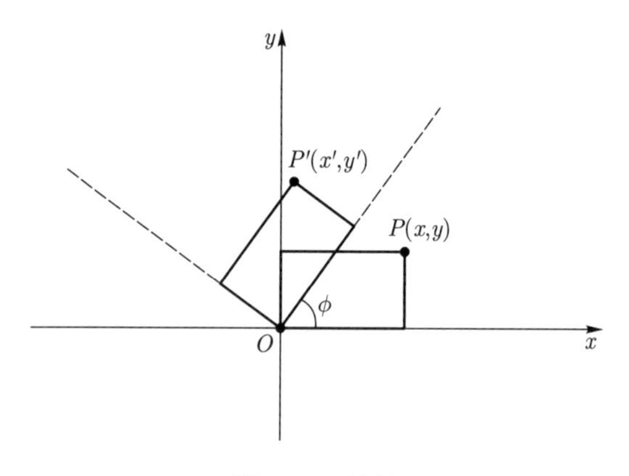

图 7.12 旋转

给定一个点 $P(x,y)$ 的坐标，根据以下公式计算旋转点 $P'(x',y')$ 的坐标：

$$
\begin{aligned}
x' &= x\cos\phi - y\sin\phi \\
y' &= x\sin\phi + y\cos\phi
\end{aligned}
$$

在矩阵表示法中，将点 $\boldsymbol{P}=\begin{pmatrix} x \\ y \end{pmatrix}$ 旋转角度 ϕ 可以表示为

$$\begin{pmatrix} x' \\ y' \end{pmatrix}=\begin{pmatrix} \cos\phi & -\sin\phi \\ \sin\phi & \cos\phi \end{pmatrix}\begin{pmatrix} x \\ y \end{pmatrix}$$

或用旋转矩阵 $\boldsymbol{R}=\begin{pmatrix} \cos\phi & -\sin\phi \\ \sin\phi & \cos\phi \end{pmatrix}$ 表示为 $\boldsymbol{P}'=\boldsymbol{RP}$。

7.3.1.3 缩放

几何图形的缩放可以通过对给定坐标系中的坐标应用比例因子（或缩放因子）来描述（图 7.13）。

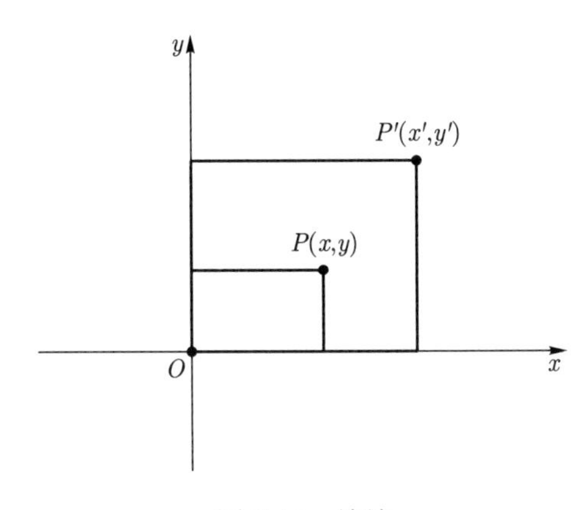

图 7.13 缩放

给定点 $P(x,y)$ 的坐标，根据以下公式计算缩放点 $P'(x',y')$ 的坐标：

$$x'=s_x\cdot x$$
$$y'=s_y\cdot y$$

因子 s_x 和 s_y 分别是 x 和 y 方向上的比例因子。它们不一定是相同的。

在矩阵表示法中，点 $\boldsymbol{P}=\begin{pmatrix} x \\ y \end{pmatrix}$ 分别用比例因子 s_x 和 s_y 对 x 和 y 进行缩放，可以表示为 $\begin{pmatrix} x' \\ y' \end{pmatrix}=\begin{pmatrix} s_x & 0 \\ 0 & s_y \end{pmatrix}\begin{pmatrix} x \\ y \end{pmatrix}$ 或用缩放矩阵 $\boldsymbol{S}=\begin{pmatrix} s_x & 0 \\ 0 & s_y \end{pmatrix}$ 表示为 $\boldsymbol{P}'=\boldsymbol{SP}$。

7.3.2 变换的组合

当我们想要对一个点进行旋转、缩放和平移时，我们可以依次应用相应的变换，或者我们可以将变换矩阵组合到一个新的矩阵中来进行旋转和缩放，并添加平移向量。通过前几节中对矩阵的定义，一般的组合方法写为

$$\boldsymbol{P}' = \boldsymbol{SRP} + \boldsymbol{t}$$

在详细的表示法中，式子可转换为

$$\begin{pmatrix} x' \\ y' \end{pmatrix} = \begin{pmatrix} s_x \cos\phi & -s_x \sin\phi \\ s_y \sin\phi & s_y \cos\phi \end{pmatrix} \begin{pmatrix} x \\ y \end{pmatrix} + \begin{pmatrix} t_x \\ t_y \end{pmatrix}$$

例 7.10 设 S 是一个由点

$$\boldsymbol{P}_1 = \begin{pmatrix} 0 \\ 0 \end{pmatrix}, \quad \boldsymbol{P}_2 = \begin{pmatrix} 1 \\ 0 \end{pmatrix}, \quad \boldsymbol{P}_3 = \begin{pmatrix} 1 \\ 1 \end{pmatrix}, \quad \boldsymbol{P}_4 = \begin{pmatrix} 0 \\ 1 \end{pmatrix}$$

定义的正方形。我们将其旋转 45°，在 x 方向上乘以 2，在 y 方向上乘以 1，最后，我们向右移动三个单位，向上移动两个单位。可以根据变换矩阵和平移向量

$$\boldsymbol{T} = \begin{pmatrix} \sqrt{2} & -\sqrt{2} \\ \frac{1}{2}\sqrt{2} & \frac{1}{2}\sqrt{2} \end{pmatrix}, \quad \boldsymbol{t} = \begin{pmatrix} 3 \\ 2 \end{pmatrix}$$

通过 $\boldsymbol{P}' = \boldsymbol{TP} + \boldsymbol{t}$ 计算结果。图 7.14 展示了原始正方形和变换后的形状，其中

$$\boldsymbol{P}_1' = \begin{pmatrix} 3 \\ 2 \end{pmatrix}, \boldsymbol{P}_2' = \begin{pmatrix} 3+\sqrt{2} \\ 2+\frac{1}{\sqrt{2}} \end{pmatrix}, \boldsymbol{P}_3' = \begin{pmatrix} 3 \\ 2+\sqrt{2} \end{pmatrix}, \boldsymbol{P}_4' = \begin{pmatrix} 3-\sqrt{2} \\ 2+\frac{1}{\sqrt{2}} \end{pmatrix}$$

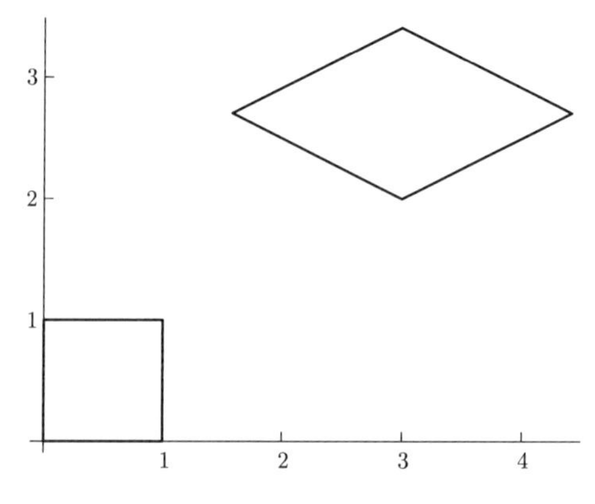

图 7.14 组合变换的例子

7.3.3 齐次坐标

处理几何变换的一种更简单的方法是使用齐次坐标。

定义 7.6 (**齐次坐标**) 每个笛卡儿坐标 (x, y) 的点都可以被赋为齐次坐标 $(t \cdot x, t \cdot y, t)$。相反地，给定一个点 (r, s, t) 的齐次坐标，我们可以确定它的笛卡儿坐标为 $\left(\frac{r}{t}, \frac{s}{t}\right)$。

我们给一个点 $P(x, y)$ 指定它的齐次坐标 $(x, y, 1)$。几何变换可以用 3×3 矩阵表示。

旋转：

$$\boldsymbol{R} = \begin{pmatrix} \cos\phi & -\sin\phi & 0 \\ \sin\phi & \cos\phi & 0 \\ 0 & 0 & 1 \end{pmatrix}$$

缩放：

$$\boldsymbol{S} = \begin{pmatrix} s_x & 0 & 0 \\ 0 & s_y & 0 \\ 0 & 0 & 1 \end{pmatrix}$$

平移：

$$\boldsymbol{T} = \begin{pmatrix} 1 & 0 & t_x \\ 0 & 1 & t_y \\ 0 & 0 & 1 \end{pmatrix}$$

注意，平移也可以通过平移矩阵来表示，这使我们能够在一个变换矩阵中组合所有三个变换：

$$\boldsymbol{U} = \begin{pmatrix} s_x\cos\phi & -s_x\sin\phi & t_x \\ s_y\sin\phi & s_y\cos\phi & t_y \\ 0 & 0 & 1 \end{pmatrix}$$

点的一般变换包括旋转、缩放和平移，可以简单地写成变换矩阵与点向量的乘积形式：

$$\boldsymbol{P}' = \boldsymbol{U}\boldsymbol{P}$$

或

$$\begin{pmatrix} x' \\ y' \\ 1 \end{pmatrix} = \begin{pmatrix} s_x \cos\phi & -s_x \sin\phi & t_x \\ s_y \sin\phi & s_y \cos\phi & t_y \\ 0 & 0 & 1 \end{pmatrix} \begin{pmatrix} x \\ y \\ 1 \end{pmatrix}$$

例 7.11 例 7.10 中的正方形变换现在可以写成：

$$\begin{pmatrix} x' \\ y' \\ 1 \end{pmatrix} = \begin{pmatrix} \sqrt{2} & -\sqrt{2} & 3 \\ \dfrac{\sqrt{2}}{2} & \dfrac{\sqrt{2}}{2} & 2 \\ 0 & 0 & 1 \end{pmatrix} \begin{pmatrix} x \\ y \\ 1 \end{pmatrix}$$

7.3.4 坐标系间的转换

在许多应用中，我们必须将坐标从一个坐标系转换为另一个坐标系。原则上，这与前面章节中讨论的几何变换有关。然而，我们通常不知道旋转角度、比例因子或平移向量等变换参数，或者坐标系涉及更多的空间扭曲。在这些情况下，我们必须根据两个系统中已知的点坐标确定变换参数。这些已知的点称为控制点，最常用的转换包含以下三种：相似变换、仿射变换和投影变换。

相似变换（也称为 Helmert 变换）是指缩放、旋转和平移数据，它不会独立地缩放轴或引入任何倾斜。它也称为四参数变换，具有一般形式如下：

$$\begin{aligned} x' &= Ax + By + C \\ y' &= -Bx + Ay + F \end{aligned}$$

由公式可知，至少需要两个控制点才能计算 A, B, C 和 F 四个参数。

仿射变换（或六参数变换）会对数据进行差异缩放、倾斜、旋转和平移。它至少需要三个控制点，并具有一般形式如下：

$$\begin{aligned} x' &= Ax + By + C \\ y' &= Dx + Ey + F \end{aligned}$$

投影变换（或八参数变换）可以补偿两个坐标系之间更大的畸变，并且至少需要四个控制点。它具有一般形式如下：

$$\begin{aligned} x' &= \frac{Ax + By + C}{Gx + Hy + 1} \\ y' &= \frac{Dx + Ey + F}{Gx + Hy + 1} \end{aligned}$$

例 7.12 给定两个控制点 P_1 和 P_2，计算 Helmert 变换的参数。测量或给出控制点的坐标 $P_1(x_1, y_1)$ 和 $P_2(x_2, y_2)$。在另一个坐标系中，相应的点为 $P_1{}'(x_1{}', y_1{}')$ 和 $P_2{}'(x_2{}', y_2{}')$。现在，我们可以通过下面的公式求解 A, B, C 和 F 的线性方程组来计算 Helmert 变换参数：

$$\begin{aligned} x_1' &= Ax_1 + By_1 + C \\ y_1' &= -Bx_1 + Ay_1 + F \\ x_2' &= Ax_2 + By_2 + C \\ y_2' &= -Bx_2 + Ay_2 + F \end{aligned}$$

通常情况下，我们使用的控制点会超过所需的最小数量，然后我们需要用最小二乘法来求解得到的方程组。均方根误差（root mean square error, RMSE）能够表示拟合的优度。理想情况下，最佳拟合的结果是 RMSE 为零，当我们使用的控制点数量超过所需的最小数量时，绝对不会出现这种情况。但 RMSE 应尽可能小，从而获得一组可靠的变换参数。

7.4 在 GIS 中的应用

在 GIS 中，我们以多种不同的方式应用几何变换。转换的其中一个用途体现在每个 GIS 的图形编辑功能中，当编辑空间要素时，我们可以对它们进行移动、旋转、倾斜和缩放操作。

另一个重要的应用在于数据集的坐标转换，例如，当我们有一幅未知地图投影或手动数字化的地图时，我们必须设置从设备坐标（即数字化设备生成的坐标）到世界坐标（即地图投影坐标）的转换，这些坐标通常以毫米或英寸为单位。

图 7.15 显示了一个装载了地图的数字化图形输入板的草图。数字化图形输入板的坐标原点位于 O_t。地图坐标系由 O_k、x_k 轴、y_k 轴表示。在地图上，我们用 $\oplus$ 标注了四个标记（或控制点）。这些标记的地图坐标要么是已知的，要么是可以轻松确定的。例如，作为地图图幅的网格交点或角点，它们的坐标可以从地图上读取。

地图坐标系通常不与数字化图形输入板的坐标系对齐。在开始数字化之前，我们需要在图形输入板坐标系和地图坐标系之间建立关系。这是通过选择适当的转换方式和计算变换参数来实现的。通常，我们选择四参数或六参数的转换方法，我们可以使用给定的（地图坐标系中的）标记坐标及其（在数字化图形输入板坐标系中的）测量坐标计算变换参数，然后将变换应用于地图上测量的每个点，将这些坐标转换为地图坐标。

每个 GIS 软件包都应为手动数字化或一般坐标转换提供这种功能。ArcGIS Pro 中的 TransformFeatures 工具就是此类功能的一个例子。

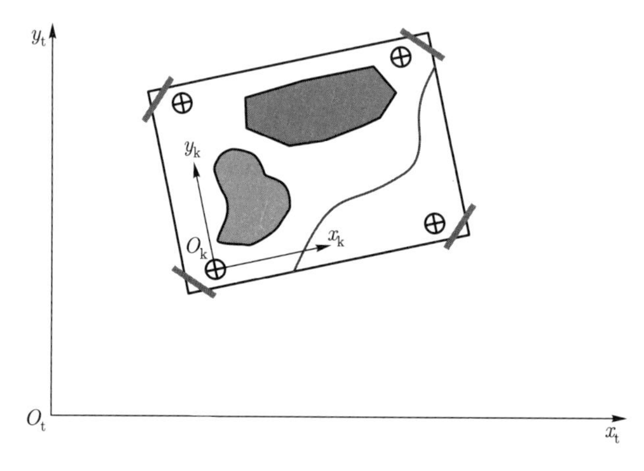

图 7.15　手动数字化设置

7.5 习　　题

习题 7.1　假设维也纳机场的地理坐标为 $\varphi = 48.12°, \lambda = 16.57°$。地球半径为 $R = 6370$ km，当笛卡儿坐标系的原点位于地球中心时，计算机场的笛卡儿坐标，轴方向如图 7.7 所示。

习题 7.2　解释为什么当运算“·”表示向量的点积时，下列表达式没有意义：

(1) $\boldsymbol{a} \cdot (\boldsymbol{b} \cdot \boldsymbol{c})$；

(2) $\boldsymbol{a} + (\boldsymbol{b} \cdot \boldsymbol{c})$；

(3) $k \cdot (\boldsymbol{a} \cdot \boldsymbol{b})$。

习题 7.3　设 $\boldsymbol{a} = (1,3,2), \boldsymbol{b} = (1,2,3)$ 且 $\boldsymbol{c} = (2,-1,4)$，计算：

(1) $\boldsymbol{b} \times \boldsymbol{c}$；

(2) $(\boldsymbol{a} \times \boldsymbol{b}) - 2\boldsymbol{c}$；

(3) $(\boldsymbol{a} \times \boldsymbol{b}) \times (\boldsymbol{b} \times \boldsymbol{c})$。

习题 7.4　表达式 $\boldsymbol{a} \times \boldsymbol{b} \times \boldsymbol{c}$ 有何问题？

习题 7.5 设 $\boldsymbol{a}=(1,3,2),\boldsymbol{b}=(1,2,3)$ 且 $\boldsymbol{c}=(2,-1,4)$，计算 $(\boldsymbol{abc})$。

习题 7.6 给定三个顶点坐标分别为 $A(1,0)$，$B(3,0)$，$C(2,1)$ 的三角形 $\triangle ABC$，令三角形逆时针旋转 $60°$，在 x 轴和 y 轴方向上均以 1.5 的比例因子缩放，然后向右平移 2 个单位，向下平移 3 个单位，计算生成图形的坐标。

习题 7.7 使用你选择的单张地图，使用四个控制点和六参数转换执行手动数字化中设置变换参数的程序。

第 8 章

代数结构

数学结构用于描述真实世界的过程或现象。如前文所述，数学中有三种主要结构，即代数结构、拓扑结构和序结构。在本章中，我们将描述以一个集合为特征的代数结构（或代数），它在该集合上定义了对该集合元素的运算。

当我们想要对集合的元素进行“计算”或“运算”时，就必须用到这些结构。通常，我们需要确定从一个代数到另一个代数的映射，如果代数结构在这样的映射下保持不变，就称之为结构保持映射或同态映射。

8.1 代数的组成部分

定义 8.1 (**代数**) 每当我们详细说明一个代数时，需要描述以下组成部分：

- 集合 S，作为代数的载体。
- 在代数载体的元素上定义的操作。
- 载体的特异元素，即代数的常数。

代数的载体 S 是一个由定义了各种运算的元素组成的集合。数字集是一个载体的例子，如 $\mathbb{N}$（自然数）、$\mathbb{Z}$（整数）或 $\mathbb{R}$（实数）。运算被定义为一个映射 $\circ : S^m \to S$，其中 m 被称为运算的“元数”。来自 $S^1 = S \to S$ 的运算称为一元运算。作为一元运算的一个例子，如运算“$-$”，它将负值赋给一个元素，也就是说，它将数字 x 转换为 $-x$。二元运算来自 $S^2 \to S$ 的映射，并对载体的两个元素进行运算。二元运算的例子如元素的加法 $x + y$ 和乘法 $x \cdot y$。代数的常数是具有特殊重要性的载体集的特异元。代数表示为 n 元组 $\langle$载体, 运算, 常数$\rangle$。

例 8.1 具有二元运算 $+$（加法）和 $\cdot$（乘法）、一元运算 $-$ 以及常数 0 和 1 的实数集 $\mathbb{R}$ 是以 6 元组 $\langle \mathbb{R}, +, \cdot, -, 0, 1 \rangle$ 表示的代数。

8.1.1 标识和簇

通常，我们会关注每个要素都有相同特征的代数类。

定义 8.2 (代数的标识) 如果两个代数的元组包含相同数量的运算和常数，且相应运算的元数相同，则它们具有相同的标识（或属于相同的种类）。

例 8.2 代数 $\langle \mathbb{R}, +, \cdot, 1, 0\rangle$ 和 $\langle \wp(S), \cup, \cap, S, \varnothing\rangle$ 具有相同的标识，因为它们分别具有两个二元运算（$+$、$\cdot$ 与 $\cup$、$\cap$），以及两个常数（1、0 与 S、$\varnothing$）。

例 8.3 代数 $\langle \mathbb{Z}, +, 0\rangle$ 和 $\langle \mathbb{Z}, +\rangle$ 不是同一类的，因为它们的常数数量不一样，其中后者没有任何常数。

具有相同标识的代数不需要关联。为了能够区分以相同方式“表现”但类别不同的代数，我们需要针对载体元素制定一些规则，这种“规则”被称为公理，并被写成载体元素的方程式。

定义 8.3 (簇) 一组载体元素的公理连同一个标识卡可以指定一类代数，它们被称为簇。

属于同一簇的代数表现完全相同。尽管载体集、运算和常数可能不同，但同一种类的所有代数都遵循相同的公理。在下面的章节中，我们将讨论一些更重要的代数的簇。

例 8.4 考虑具有相同标识 $\langle \mathbb{R}, +, 0\rangle$ 的代数的簇和下列公理：$x+y=y+x$、$(x+y)+z=x+(y+z)$ 和 $x+0=0+x=x$。于是 $\langle \mathbb{Z}, +, 0\rangle$、$\langle \wp(S), \cup, \varnothing\rangle$、$\langle \wp(S), \cap, S\rangle$ 和 $\langle \mathbb{Z}, \circ, 1\rangle$ 都是这个簇的成员，其中二元运算表示为 $+$、$\cup$、$\cap$ 和 $\circ$，常数分别为 0、$\varnothing$、S 和 1。对于这个簇的任何定理证明都适用于属于这个簇的所有代数。

在本章的剩余部分，每当处理一个任意的代数 A 时，我们将使用 $A = \langle S, \circ, \Delta, k\rangle$ 这样的符号进行形式化表达，其中 S 是载体，$\circ$ 表示二元运算，Δ 表示一元运算，k 表示常数。

8.1.2 单位元和零元

常数具有与代数中的一个或多个运算相关的特殊性质。下面的定义描述了二元运算中最重要的常数属性。

定义 8.4 (单位元和零元) 在 S 上执行一个二元运算 $\circ$。如果 $\forall x \in S$，有 $1 \circ x = x \circ 1 = x$，那么元素 $1 \in S$ 是运算 $\circ$ 的一个单位元（或单位）。如果 $\forall x \in S$，有 $0 \circ x = x \circ 0 = 0$，则元素 $0 \in S$ 是运算 $\circ$ 的一个零元。在不会造成混淆和冲突时，可以不指定操作，只描述为一个单位（或单位元）和一个零（或零元）。

例 8.5 以乘法为运算的代数 $\langle \mathbb{Z}, \cdot, 1, 0 \rangle$ 具有单位元 1 和零元 0。

例 8.6 代数 $\langle \mathbb{Z}, +, 0 \rangle$ 有一个单位元，但没有零元。

如果一个运算的单位元存在，我们可以定义它的逆。设 $\circ$ 为 S 上的二元运算，1 为该运算的单位元。如果 $x \circ y = y \circ x = 1$ 对于 S 中的每个 y 都成立，那么称 x 为 y 相对于这个运算 $\circ$ 的（双向）逆。

例 8.7 代数 $\langle \mathbb{Z}, +, 0 \rangle$ 有一个单位元 0 并且对于每个元素 $x \in \mathbb{Z}$ 都有一个关于加法的逆。x 的逆写为 $-x$，使得 $x + (-x) = 0$。

例 8.8 代数 $\langle \mathbb{R}, \cdot, 1 \rangle$ 有一个单位元 1 并且除 0 外所有的实数元素都有一个逆 $x^{-1} = \dfrac{1}{x}$ 使得 $x \cdot \dfrac{1}{x} = 1$。

8.2 各种代数

代数在计算机科学的许多应用中扮演着重要的角色，如形式语言、自动机理论、编码理论和交换理论。在空间分析地图代数中，对数据集（通常为栅格）的运算十分常见。在本节中，我们将讨论几个重要的代数。

8.2.1 群

许多代数结构是算术的基础，例如我们通常所知道的数字（整数、有理数和实数）。一个基本的代数结构是将一个二元运算（通常是数字集的加法或乘法）的算法形式化的群。

定义 8.5 (群) 群是一个具有一个二元运算 $\circ$，一个一元运算 $^-$ 和标识 $\langle S, \circ, ^-, 1 \rangle$ 的代数，其中 $^-$ 是关于 $\circ$ 的逆，公理如下：

(1) $a \circ (b \circ c) = (a \circ b) \circ c$；

(2) $a \circ 1 = 1 \circ a = a$；

(3) $a \circ \bar{a} = 1$。

如果运算 $\circ$ 也是可交换的，则称这个群为交换群（或阿贝尔群）。

例 8.9 代数 $\langle \mathbb{Z}, +, -, 0\rangle$ 是一个交换群，其中 $\mathbb{Z}$ 是整数，$+$ 为通常的加法，$-$ 为加法的逆（负数），0 为加法的单位元。这些公理可以很容易地进行验证：

(1) $a+(b+c)=(a+b)+c$；

(2) $a+0=0+a=a$；

(3) $a+(-a)=0$；

(4) $a+b=b+a$。

例 8.10 代数 $\langle \mathbb{R}\backslash\{0\}, \cdot, ^{-1}, 1\rangle$ 是一个交换群，其中 $\mathbb{R}$ 为实数，$\cdot$ 是通常的乘法，$^{-1}$ 为乘法的逆，1 为乘法的单位元。公理验证如下：

(1) $a\cdot(b\cdot c)=(a\cdot b)\cdot c$；

(2) $a\cdot 1=1\cdot a=a$；

(3) $a\cdot a^{-1}=1$；

(4) $a\cdot b=b\cdot a$。

例 8.11 具有加法和乘法的自然数 $\mathbb{N}$ 不是一个群，因为加法和乘法没有逆。

8.2.2 域

域是非常通用的代数，它形式地描述了载体集上两个二元运算的相互关系。简单地说，域保证了所有算术运算（例如我们通常所说的数字集中的运算）不受限制（除了除以 0）。

定义 8.6 (域) 域是具有标识 $\langle S, +, \circ, -, ^{-1}, 0, 1\rangle$ 的代数，其中 $-$ 和 $^{-1}$ 分别是 $+$ 和 $\circ$ 的逆运算，公理如下：

(1) $\langle S, +, -, 0\rangle$ 是一个交换群；

(2) $a\circ(b\circ c)=(a\circ b)\circ c$；

(3) $a\circ(b+c)=a\circ b+a\circ c$；

(4) $(a+b)\circ c=a\circ c+b\circ c$；

(5) $\langle S\backslash\{0\}, \circ, ^{-1}, 1\rangle$ 是一个交换群。

例 8.12 实数 $\langle R, +, \cdot, -, ^{-1}, 0, 1\rangle$ 是一个具有加法和乘法这类二元运算以及加法和乘法（除了 0 以外）的一元逆运算的域。数字 0 和 1 分别作为 $+$ 和 $\cdot$ 的单位元。其公理如下：

(1) 例 8.9 所示的所有公理；

(2) 例 8.10 所示的所有公理；

(3) $a \cdot (b + c) = a \cdot b + a \cdot c$（分配律）；

(4) $(a + b) \cdot c = a \cdot c + b \cdot c$（分配律）。

8.2.3 布尔代数

定义 8.7 (**布尔代数**) 布尔代数有一个标识 $\langle S, +, \circ, ^-, 0, 1\rangle$，其中 $+$ 和 $\circ$ 是二元运算，$^-$ 是一元运算（求反），具有以下公理：

(1) $a + b = b + a$；

(2) $a \circ b = b \circ a$；

(3) $(a + b) + c = a + (b + c)$；

(4) $(a \circ b) \circ c = a \circ (b \circ c)$；

(5) $a \circ (b + c) = a \circ b + a \circ c$；

(6) $a + (b \circ c) = (a + b) \circ (a + c)$；

(7) $a + 0 = a$；

(8) $a \circ 1 = a$；

(9) $a + \bar{a} = 1$；

(10) $a \circ \bar{a} = 0$。

例 8.13 一个给定集合 A 的幂集 $\wp(A)$ 是一个布尔代数 $\langle \wp(A), \cup, \cap, ^-, \varnothing, A\rangle$，该幂集具有通常的并集、交集和补集运算。设 X、Y 和 Z 为 A 的任意子集（即 A 的幂集的元素），于是易证公理如下：

(1) $X \cup Y = Y \cup X$；

(2) $X \cap Y = Y \cap X$；

(3) $(X \cup Y) \cup Z = X \cup (Y \cup Z)$；

(4) $(X \cap Y) \cap Z = X \cap (Y \cap Z)$；

(5) $X \cap (Y \cup Z) = (X \cap Y) \cup (X \cap Z)$；

(6) $X \cup (Y \cap Z) = (X \cup Y) \cap (X \cup Z)$；

(7) $X \cup \varnothing = X$；

(8) $X \cap A = X$；

(9) $X \cup \bar{X} = A$；

(10) $X \cap \bar{X} = \varnothing$。

8.2.4 向量空间

有一些代数结构定义在多个集合上，向量空间就是其中一个例子。

定义 8.8 (**向量空间**) 设 $\langle V,+,-,0\rangle$ 为一个交换群，$\langle S,+,\circ,-,^{-1},0,1\rangle$ 为一个域，则称 V 为 S 上的向量空间，如果对所有 $\boldsymbol{a},\boldsymbol{b}\in V$ 和 $\alpha,\beta\in S$，均有：

(1) $\alpha\cdot(\boldsymbol{a}+\boldsymbol{b})=\alpha\cdot\boldsymbol{a}+\alpha\cdot\boldsymbol{b}$；

(2) $(\alpha+\beta)\cdot\boldsymbol{a}=\alpha\cdot\boldsymbol{a}+\beta\cdot\boldsymbol{a}$；

(3) $(\alpha\cdot\beta)\cdot\boldsymbol{a}=\alpha\cdot(\beta\cdot\boldsymbol{a})$；

(4) $1\cdot\boldsymbol{a}=\boldsymbol{a}$。

则 V 的元素称为向量，S 的元素称为标量。

例 8.14 以 $+$ 作为向量加法的所有向量的集合是实数上的向量空间，其中 $\cdot$ 是向量与标量的乘法。

例 8.15 具有矩阵加法的所有矩阵的集合是实数上的向量空间，其中 $\cdot$ 是矩阵与标量的乘积。

向量空间在代数的子学科线性代数中占有重要的地位。

8.3 同 态

有时，我们需要比较代数来确定它们是否具有相似性。如果两个代数是相似的，那么它们会在运算方面表现出相同的“行为”，并且它们有相应的常数。通常，我们对一个代数较为熟悉，例如我们已经建立了这个代数的定理。如果能证明一个不同的代数与给定的代数相关（通常我们想证明它们的行为在本质上是相同的），那么同样的定理（以相关的方式）也适用于新的代数。

研究相关代数的一种形式化方法是建立从（给定）代数到新代数的结构映射，这种映射称为同态。

定义 8.9 (**同态和同构**) 设 $A=\langle S,\circ,\Delta,k\rangle$ 和 $A'=\langle S',\circ',\Delta',k'\rangle$ 为具有相同标识的代数，并设函数 h，使得：

(1) $h:S\to S'$；

(2) $h(a\circ b)=h(a)\circ' h(b)$；

(3) $h(\Delta(a))=\Delta'(h(a))$；

(4) $h(k)=k'$。

那么 h 就被称为从 A 到 A' 的同态。如果函数 h 是双射的，那么称它为从 A 到 A' 的同构，并且 A' 是在映射 h 下 A 的同构的像。

在上面的定义中，$\circ$ 和 $\circ'$ 表示二元运算，Δ 和 Δ' 表示一元运算，k 和 k' 是常数。

两个同构代数本质上是相同的代数，只是名称不同。代数的同态像是给定代数的“较小的”或“广义的”版本。

例 8.16 设 S 是一个非空集合，$A = \langle \wp(S), \cup, \cap, ^{-}, \varnothing, S\rangle$ 和 $B = \langle\{0,1\}, +, \cdot, ^{-}, 0, 1\rangle$ 为两个布尔代数。对任意 $a \in S$ 和 $T \in \wp(S)$，定义为

$$h(T) = \begin{cases} 0, & a \notin T \\ 1, & a \in T \end{cases}$$

的函数 $h : \wp(S) \to \{0,1\}$ 是从 A 到 B 的同态。注意 $h(\varnothing) = 0$ 且 $h(S) = 1$。

例 8.17 设 $\mathbb{R}^+$ 为所有正实数的集合。那么 $\langle \mathbb{R}^+, \cdot, 1\rangle$ 与 $\langle \mathbb{R}, +, 0\rangle$ 是同构的，并且定义为 $h(x) = \log_a x$ 的函数 $h : \mathbb{R}^+ \to \mathbb{R}$ 是一个同态。函数 h 是满射的，因为在 $x > 0$ 时方程 $\log_a x = y$ 总是存在解 $x = a^y$。由于对数函数是单调递增的，因此 h 是单射的。此外，$h(m \cdot n) = \log_a (m \cdot n) = \log_a m + \log_a n = h(m) + h(n)$ 且 $h(1) = \log_a 1 = 0$。计算尺是在袖珍计算器出现之前经常使用的一种计算工具，给出的这个同构是计算尺的数学基础，它用对数的加法代替数字的乘法。

8.4 在 GIS 中的应用

代数在 GIS 中最突出的应用可能是地图代数。地图代数的载体集是“地图”的集合，即通常由覆盖、矢量文件、要素类、网格或图层引用的源组成的数据集。

我们知道许多使用地图的运算，例如从简单的加法、减法、乘法或除法运算到更复杂的坡度、坡向或晕渲计算。

一个关于地图代数常数的例子是“零网格”，其中每个网格单元的值为 0。图 8.1 显示了 ArcGIS Pro Spatial Analyst 光栅计算器的扩展用户界面。在这里，我们可以看到各种算术和逻辑运算符以及可以应用于地图图层的函数。

结构保持映射的概念在空间建模中得到了应用，在这些应用中，我们将真实世界的子集映射为空间数据模型的一种表示。

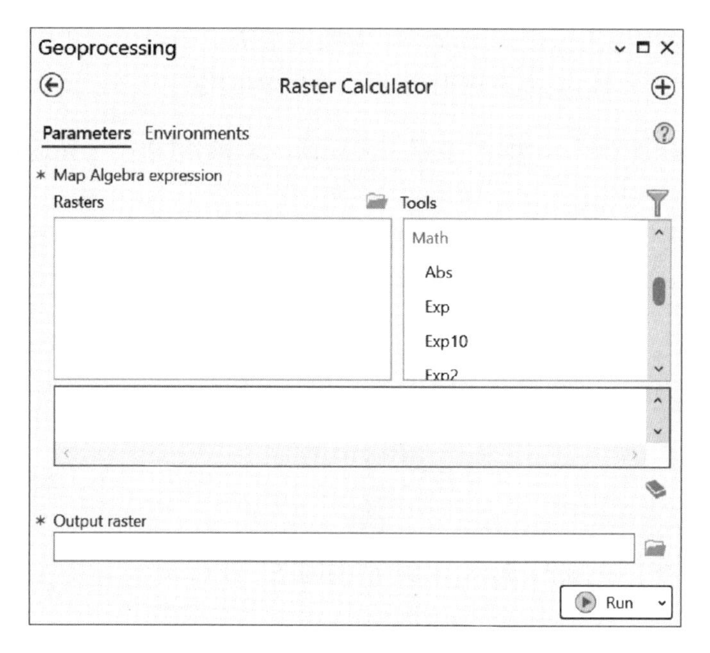

图 8.1 ESRI ArcGIS Pro 光栅计算器界面

8.5 习　　题

习题 8.1 给定两个代数：$\langle \mathbb{Z}, +, -, 0\rangle$ 以整数为载体集，具有加法 + 和减法 − 两个运算和常数 0；$\langle E, +, -, 0\rangle$ 以偶数为载体集，常数 0 与运算 + 和 − 以通常的方式定义（分别为正数和负数）。证明这两个代数都是交换群，并且定义为 $f(x) = 2x$ 的函数 $f : \mathbb{Z} \to E$ 是一个同构。

习题 8.2 设 $\{T, F\}$ 为一个集合，其中 T 代表“真”，F 代表“假”。证明 $\langle\{T, F\}, \vee, \wedge, \neg, F, T\rangle$ 是一个带有二元运算 $\wedge$（和）与 $\vee$（或）以及一元运算 $\neg$（非）的逻辑操作符的布尔代数。常数 F 和 T 是两个命题，F 始终为假，T 始终为真。

习题 8.3 给定两个代数：$\langle \mathbb{Z}, +, -, 0\rangle$ 以整数为载体集，具有加法 + 和负数 − 两个运算以及常数 0；$\langle B, +, -, 0\rangle$ 以 $B = \{0, 1\}$ 为载体集，具有常数 0。两个运算被定义为

+	0	1
0	0	1
1	1	0

$$(-x) = x$$

证明定义为

$$f(x)=\begin{cases}0, & x\text{ 是偶数}\\1, & x\text{ 是奇数}\end{cases}$$

的函数 $f:\mathbb{Z}\to B$ 是一个同态。同时证明 f 不是同构。

第 9 章

拓 扑 学

拓扑是每个地理信息系统的核心概念。它涉及空间特征的结构表征及其在某些变换下保持不变的操作特性。在这一章中，我们将以实平面上由距离函数导出的拓扑结构为基础介绍拓扑空间的数学概念。

我们还将展示如何使用简单结构在 GIS 数据库中构建复杂对象，以及如何检验空间特征的二维拓扑表达一致性的案例。

9.1 拓扑空间

我们将在本节中讨论拓扑空间，即满足一定条件的一个集合以及该集合子集的集合。有两种等价的方法可以定义拓扑空间，第一种方法是从点的邻域概念开始，将拓扑空间定义为满足一定条件的邻域系统。开集的概念来源于邻域的定义。第二种方法是从给定集合（称为开集）子集的一个族开始，通过这些开集的属性定义拓扑。邻域的概念由拓扑空间的定义得出。

9.1.1 度量空间与邻域

第一种方法比在一般拓扑学（或点集拓扑学）中常用的第二种方法更直观。在这里，我们选择了带有邻域系统的欧几里得平面的直观方法。为了定义邻域，我们需要距离的概念。通常，对距离的描述可以通过度量空间进行实现。

定义 9.1 (**度量空间**)　设 X 为一个非空集合，d 为一个函数，$X \times X \rightarrow \mathbb{R}_0^+$（非负实数），使得对任意 $x, y, z \in X$ 满足以下条件：

(1) $d(x, y) = 0$ 当且仅当 $x = y$；

(2) $d(x,y)=d(y,x)$；

(3) $d(x,y)+d(y,z)\geqslant d(x,z)$（三角不等式）。

则将 (X,d) 称为度量空间，d 为 X 的距离函数（或度量）。

例 9.1 在实平面空间 $\mathbb{R}^2$ 中，设两点 $p=(a_1,a_2)$ 和 $q=(b_1,b_2)$，它们之间具有欧几里得距离 $d_E(p,q)=\sqrt{(a_1-b_1)^2+(a_2-b_2)^2}$。我们称这个空间为二维欧几里得空间，即 $(\mathbb{R}^2,d_E)$ 是一个度量空间。欧几里得距离是两点之间的最短距离。这是平面几何的常用空间。我们也容易将这个空间扩展到三维。

例 9.2 带有距离函数 $d(x,y)=|x-y|$ 的实数 $\mathbb{R}$ 是度量空间。

在每个度量空间中，我们可以为这个空间的任意点定义一个邻域。

定义 9.2 ($\varepsilon-$**邻域**) 在度量空间 (X,d) 中，我们为每个 $x\in X$ 和 $\varepsilon>0$ 定义一个 x 的（开）$\varepsilon-$邻域，设为集合 $N(x,\varepsilon)=\{y\mid y\in X\wedge d(x,y)<\varepsilon\}$。当不存在表述冲突时，为简便起见，称之为 $N(x,\varepsilon)$ 邻域，记为 $N(x)$。

集合 $\mathcal{N}_d(x)=\{N(x,\varepsilon)\mid x\in X\wedge\varepsilon>0\}$ 被称为基于度量 d 生成的 x 的邻域系统，简写时，记为 $\mathcal{N}(x)$。

在欧几里得平面 $\mathbb{R}^2$ 中，一个以 p 为圆心，半径为 ε 的开圆盘为一个 $\varepsilon-$邻域，如图 9.1 所示。

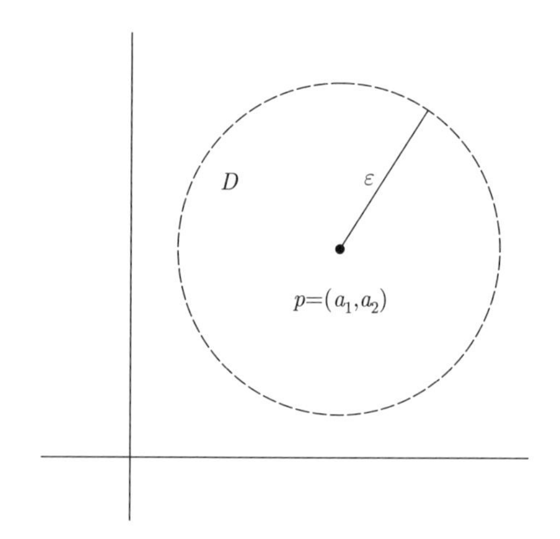

图 9.1 在 $\mathbb{R}^2$ 中的开圆盘

9.1.2 拓扑和开集

当我们要求一个邻域系统满足某些条件时，我们就得到了拓扑空间的定义。

定义 9.3 (**拓扑空间**) 设 X 为一个集合，对于每个 $x \in X$，存在一个邻域系统 $\mathcal{N}(x) \subseteq \wp(X)$ 满足以下条件（邻域公理）：

(N1) 点 x 位于它的每一个邻域中。

(N2) x 的两个邻域的交集也是 x 的一个邻域。

(N3) x 的邻域 N 的每个超集 U 都是 x 的邻域。X 是 x 的一个邻域。

(N4) 每个 x 的邻域 N 包含一个 x 的邻域 V，使得 N 是 V 中每个点的邻域。

图 9.2 说明了四个邻域公理的特征。

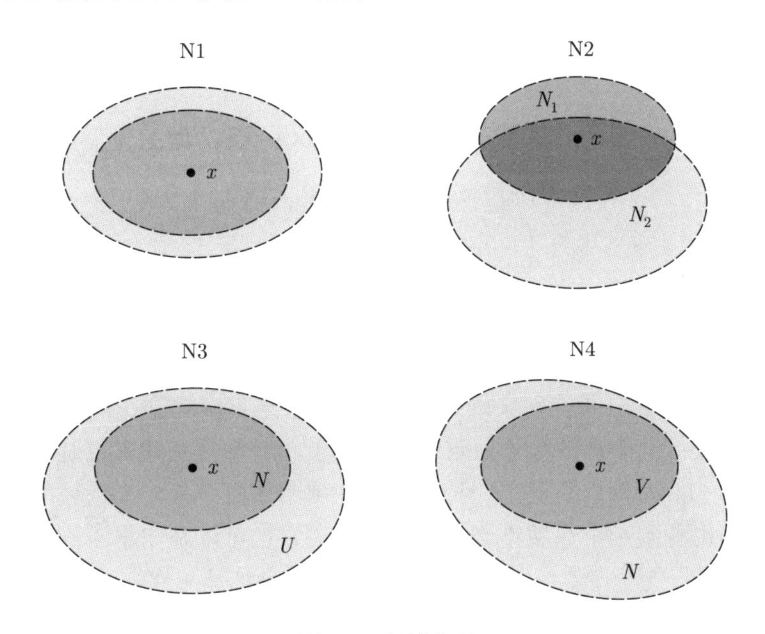

图 9.2 邻域公理

这样，我们将邻域系统 $\mathcal{N}(x)$ 称为 X 上的拓扑，把它的邻域系统的集合 $(X, \mathcal{N}(x))$ 称为拓扑空间。有时我们简单地用符号 X 来表示拓扑空间。

借助于邻域的概念，可以对开集进行定义。

定义 9.4 (**开集**) 设 X 为一个拓扑空间。O 为 X 的一个子集，如果 O 是它自身每个点的邻域，那么它就是一个开集。

例 9.3 实数中的开区间 (a, b) 和 $\mathbb{R}^2$ 中的开圆盘都是开集。

定义 9.5 (闭集) 设 X 为一个拓扑空间。如果集合 C 的补集 $X - C$ 是开集，则集合 C 是闭集。

例 9.4 实数中的闭区间 $[a, b]$ 是一个闭集，因为它的补集 $(-\infty, a) \cup (b, \infty)$ 是两个开集的并集，是一个开集。

例 9.5 实数中的半开区间既不是开集也不是闭集。

前面的示例表明，“闭”并不意味着“不开”。集合可以既不是开的也不是闭的，它们也可以既是开的也是闭的（有时称为 clopen 集合）。对于开集，可以证明以下语句是正确的：

(O1) 空集和集合 X 是开集。

(O2) 任意有限个开集的交集是开集。

(O3) 任意数量的开集的并集是开集。

(O4) U 为 X 的子集，当且仅当存在一个开集 O 且 $x \in O \subseteq U$ 时，U 是 $x \in X$ 的邻域。

任意数量的开集的交集不一定是开集。以一个开区间的无限个集合的交集为例：

$$\left(-\frac{1}{n}, \frac{1}{n}\right),\ n = 1, 2, 3, \cdots$$

显然，其交集为 $\{0\}$，是一个非开的集合。

可以证明的是，无限个闭集的交集和有限个闭集的并集都是闭集。

我们基于度量空间中定义的 $\varepsilon-$邻域的概念来定义拓扑空间。对于这个定义，我们需要借助距离的概念，这个概念对于一般拓扑空间来说过于特殊，而上文的语句 O4 为我们提供了一种不需要使用距离概念来定义邻域的方法。在这里，我们也看到一个邻域不必是一个开集，它也可以是闭集。例如，对于欧几里得平面 $\mathbb{R}^2$ 的一个点 p，其周围的每个闭圆盘都是 p 的一个邻域，因为它们包含 p 周围的开圆盘，开圆盘是一个开集。

9.1.3 连续函数和同胚

我们可以对拓扑空间之间的映射进行定义。将一个点的邻域映射到该点的像的邻域的函数称为连续函数。我们可以用以下形式来形式化定义。

定义 9.6 (连续函数) 设 $f : X \to Y$ 为从拓扑空间 X 到拓扑空间 Y 的函数。如果对于 $f(x_0)$ 的每个邻域 V 都有一个 x_0 的邻域 U 使得 U 的像（即 $f(U)$）是 V 的子集，则称函数 f 在点 $x_0 \in X$ 处连续。如果 f 在 X 的每个点上都是连续的，则称之为连续函数。

图 9.3 说明了点的连续性和连续函数的概念。

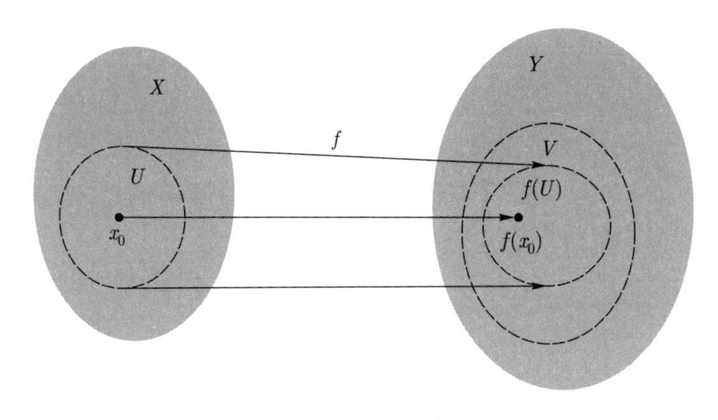

图 9.3 连续函数

上述定义适用于任意两个拓扑空间。对实数 $\mathbb{R}$，连续性的定义通常简单表述如下：

如果对于每个 $\varepsilon>0$ 都存在一个 $\delta>0$ 使得 $|x-x_0|<\delta$ 时 $|f(x)-f(x_0)|<\varepsilon$，则函数 $f:\mathbb{R}\to\mathbb{R}$ 在点 x_0 处是连续的。如果函数在每一点上都是连续的，那么它就是连续的函数。函数的连续性本质上是指函数图像没有“跳跃”或“间隙”。

与其他数学结构一样，对于拓扑空间，同样存在结构保持映射，这些映射将一个拓扑空间映射到另一个拓扑空间，并保持拓扑结构不变。

定义 9.7 (同胚) 设 $h:X\to Y$ 为从拓扑空间 X 到拓扑空间 Y 的函数。如果这个函数是连续的、双射的，并且其逆函数也是连续的，我们称之为同胚(或拓扑映射)。

如果两个空间是同胚的，那么它们本质上是相同的，并且具有一致的拓扑行为。

例 9.6 设 $X=(-1,1)$ 为 $\mathbb{R}$ 中的开区间，函数 $f:X\to\mathbb{R}$ 定义为 $f(x)=\tan\dfrac{\pi}{2}x$。这个函数是双射的、连续的，并且有一个连续的逆函数。图 9.4 为其函数图像，这个函数是一个同胚，图像表明开区间 $(-1,1)$ 和实数是同胚的。

例 9.7 通过函数 $f(r,\theta)=(2r,\theta)$，给定极坐标 (r,θ)，半径为 1 的开圆盘 $D_1=\{(r,\theta)\mid r<1\}$ 与半径为 2 的开圆盘 $D_2=\{(r,\theta)\mid r<2\}$ 是同胚的。

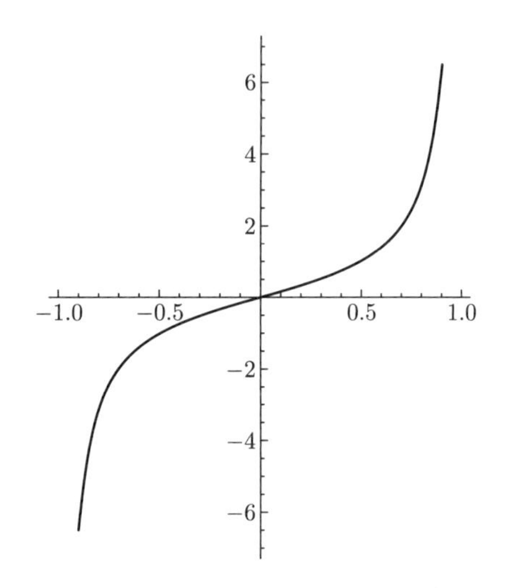

图 9.4 同胚函数示例

由同胚保持的拓扑空间的性质称为拓扑性质或拓扑不变量。数学拓扑主要研究在拓扑映射下保持不变的拓扑空间的性质。

前面的两个示例表明，长度和面积不是拓扑不变量，因为开区间 $(-1,1)$ 的长度与实数的“长度”不同。在第二个示例中，虽然两个圆盘是同胚的，但它们的面积不相同。

9.1.4 拓扑空间的替代定义

如第 9.1 节所述，除了上文提到的定义外，还存在一个不同但等价的拓扑空间的定义，来源于开集的概念。本节我们将拓扑定义为一批开集的属性，并从开集引申出邻域的定义。我们将开集的性质 O1 到 O3 作为公理，并定义一个拓扑空间，如下所示。

定义 9.8 (拓扑空间) 设 X 为一个集合，O 为 X 的子集的集合，即 $O \subseteq \wp(X)$。当子集满足以下三个条件时，我们称 O 为 X 上的拓扑：

(O1) $\varnothing \in O, X \in O$。

(O2) $A, B \in O \Rightarrow A \cap B \in O$。

(O3) $A_i \in O \Rightarrow \bigcup\limits_{\forall i \in I} A_i \in O$。

我们称 O_i 为开集，(X, O) 为拓扑空间，元素 $x \in X$ 为拓扑空间中的点。

拓扑的三个条件要求空集和集合本身必须始终是拓扑的元素。此外，有限个开集的交集总是一个开集，任意个开集的并集是一个开集。

借助于拓扑定义中开集的概念，我们现在可以对邻域进行定义。

定义 9.9 (**邻域**) 如果 $N \subseteq X$，且存在开集 $A \in O$ 使得 $x \in A \subseteq N$，那么 N 是点 x 的一个邻域。

有了这个定义，我们可以证明定义 9.3 中关于邻域关系的陈述 N1 到 N4 是正确的。

例 9.8 在任何集合 X 上都可以找到两种极端的拓扑。第一种仅由两个元素 $\{X, \varnothing\}$ 组成，第二种由 X 的所有子集组成，即幂集 $\wp(X)$。我们很容易验证两种拓扑都满足拓扑的三个条件。第一种拓扑称为紧凑拓扑，它是所有拓扑中最“粗糙”的，因为它只包含两个元素。第二种拓扑称为离散拓扑，它是所有拓扑中最“精细”的。

例 9.9 在实线 $\mathbb{R}^1$ 中，对于 $\mathbb{R}^1$ 的一个子集 A，如果它是一个空集，或者它的每个点 $x \in A$ 都包含在一个完全属于 A 的开区间 S_x，则 A 是开集。实线 $\mathbb{R}^1$ 中的所有开区间 (a, b) 都是开集。实线本身也是一个开集。同样，可以证明这些开集是 $\mathbb{R}^1$ 上的拓扑，我们称之为自然拓扑。这一描述可以扩展到 $\mathbb{R}^n$，如开圆盘、开球等。

上述两种定义拓扑空间的方法都是同样有效的，并可以得到相同的结果。图 9.5 对基于邻域概念的直观方法和基于开集概念的集合论抽象方法进行了总结。

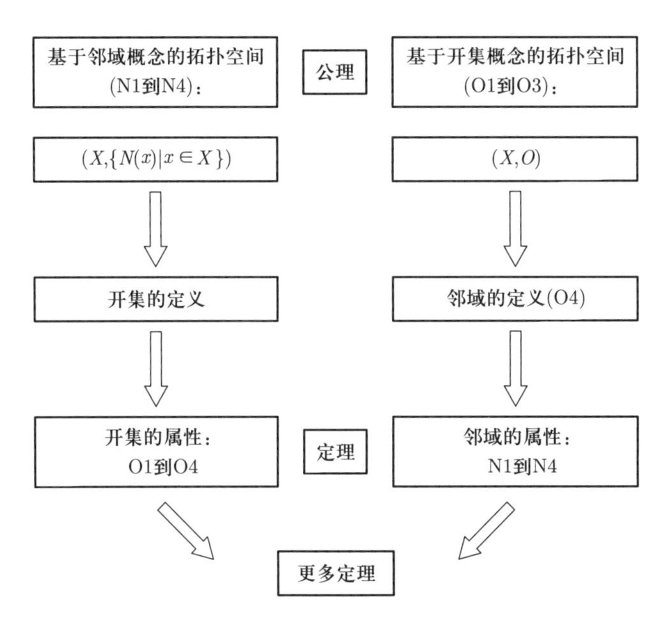

图 9.5 拓扑空间、开集和邻域定义的等价方法及相关定理

第一种是通过邻域的性质定义拓扑空间，然后通过邻域定义开集，使用性质 O1 到 O4 作为定理。

第二种方法通过开集的性质定义拓扑空间，然后通过开集的性质 O4 定义邻域，并推导出 N1 到 N4 作为关于邻域的定理。更多关于拓扑空间的定理由此而来。

9.2 基、内部、闭包、边界和外部

从拓扑空间的定义可知开集的并集是一个开集。如果在一个拓扑空间中，每个开集都可以生成为一些开集的并集，则称这些开集为拓扑的基。

定义 9.10 (基) 设 X 是一个拓扑空间，如果存在一个开集的集合 $\mathcal{B}$，使得拓扑的每个开集都是 $\mathcal{B}$ 的成员的并集，则 $\mathcal{B}$ 就被称为拓扑的基，$\mathcal{B}$ 的元素被称为基本开集。

基的一个等效定义要求对于属于开集 O 的每个点 $x \in X$，始终存在一个元素 $B \in \mathcal{B}$ 使得 $x \in B \subseteq O$。

例 9.10 欧几里得平面 $\mathbb{R}^2$ 中的开圆盘是平面自然拓扑的基础。这很容易从邻域的定义中得出。这个基本开集的数目是不可数无限大的。

例 9.11 欧几里得平面 $\mathbb{R}^2$ 上，半径和中心坐标均为有理数的开圆盘是平面自然拓扑的基础。注意，这个基本开集的数目是可数无限大的。

鉴于拓扑的基是拓扑空间的全局特征，我们也可以在拓扑空间的某一点定义局部的基，这是拓扑空间的局部特征，仅由点的邻域决定。

定义 9.11 (局部基) $\mathcal{B}$ 是拓扑空间 X 中点 x 的邻域集合，如果点 x 的每个邻域都包含 $\mathcal{B}$ 的某个元素，则 $\mathcal{B}$ 就是位于 x 的局部基。

例 9.12 对于欧几里得平面 $\mathbb{R}^2$ 和点 x 的自然拓扑，以 x 为中心的开圆盘系统 $\mathcal{B}_x$ 是一个在 x 处的局部基，这是正确的，因为对于每个包含 x 的开集 O，都有一个以 x 为中心的开圆盘包含在 O 中。

例 9.13 设 x 为度量空间的一个点。定义为 $\left\{N(x,1), N\left(x,\frac{1}{2}\right), N\left(x,\frac{1}{3}\right),\cdots\right\}$ 的 x 的 ε–邻域的可数无限集是位于 x 的一个局部基。

拓扑的基与某一点的局部基之间的关系可以用下面的语句表示：设 $\mathcal{B}$ 是一个拓扑的基，$x \in X$ 是拓扑空间中的一个点。$\mathcal{B}$ 中包含 x 的元素在 x 处形成

一个局部基。为了进一步地研究，我们需要了解集合的内部、闭包、边界和外部的概念。

定义 9.12 (**内部、闭包、边界、外部**) 给定拓扑空间 X 的一个子集 A，我们对内部、闭包、边界和外部的定义如下所述：

- 包含在 A 中的所有开集的并集称为 A 的内部（记为 A°）。
- 包含 A 的最小闭集称为 A 的闭包（记为 $\overline{A}$），也就是说它是包含 A 的所有闭集的交集[1]。
- 集合 A 的边界是 A 的闭包与其补集 $X-A$ 的闭包的交集。边界[2]记为 ∂A。
- 集合 A 的外部（记为 A^-）是 A 的补集的内部，即 $A^-=(X-A)^\circ$。

一个开集是它自身的内部。一个闭集等价于它的闭包。表 9.1 显示了内部、闭包和边界的一些属性。

表 9.1 集合的内部、闭包和边界的性质

内部	闭包	边界
$A^\circ \subseteq A,\ (A^\circ)^\circ = A^\circ$	$A \subseteq \overline{A},\ \overline{\overline{A}} = \overline{A}$	$\partial A = \overline{A} - A^\circ$
$A \subseteq B \Rightarrow A^\circ \subseteq B^\circ$	$A \subseteq B \Rightarrow \overline{A} \subseteq \overline{B}$	$\partial A = \overline{A} \cap (X - A^\circ)$
$(A \cap B)^\circ = A^\circ \cap B^\circ$	$\overline{A \cup B} = \overline{A} \cup \overline{B}$	$\partial A = \overline{A} \cap \overline{X - A}$
$\left(\bigcup_{i\in I} A_i\right)^\circ \supseteq \bigcup_{i\in I} A_i^\circ$	$\overline{\bigcup_{i\in I} A_i} \supseteq \bigcup_{i\in I} \overline{A_i}$	$\partial A = A - (A^\circ \cup (X-A)^\circ)$
$\left(\bigcap_{i\in I} A_i\right)^\circ \subseteq \bigcap_{i\in I} A_i^\circ$	$\overline{\bigcap_{i\in I} A_i} \subseteq \bigcap_{i\in I} \overline{A_i}$	$\partial A = \partial(X - A)$

例 9.14 考虑集合 $X=\{a,b,c,d,e\}$，在 X 上定义拓扑 $O=\{X,\varnothing,\{a\},\{c,d\},\{a,c,d\},\{b,c,d,e\}\}$，$X$ 的子集 $A=\{b,c,d\}$，A 的内部是 $A^\circ=\{c,d\}$，因为 A 中包含的开集仅有 $\{c,d\}$ 和 $\varnothing$，它们的并集是 $\{c,d\}$。A 的闭包是 $\overline{A}=\{b,c,d,e\}$，因为在 X 的闭集[3]中，例如，$\varnothing,X,\{b,c,d,e\},\{a,b,e\},\{b,e\}$ 和 $\{a\}$，包含 A 的最小的闭集是 $\{b,c,d,e\}$。A 的边界是闭包与内部的差，即$\partial A=$

① 注意，我们在闭包中使用与补集相同的符号，但它们之间没有关联。

② 一个集合的边界（boundary）通常被称为一个集合的“frontier”。

③ 闭集是开集的补集。

$\overline{A}-A^\circ=\{b,c,d,e\}-\{c,d\}=\{b,e\}$。$A$ 的外部是 A 的补集的内部，即 $\{a,e\}^\circ$ 的结果为 $\{a\}$。

例 9.15 考虑欧几里得平面 $\mathbb{R}^2$ 中的一个开子集 A，图 9.6 显示了集合的内部、边界、闭包和外部的特征。

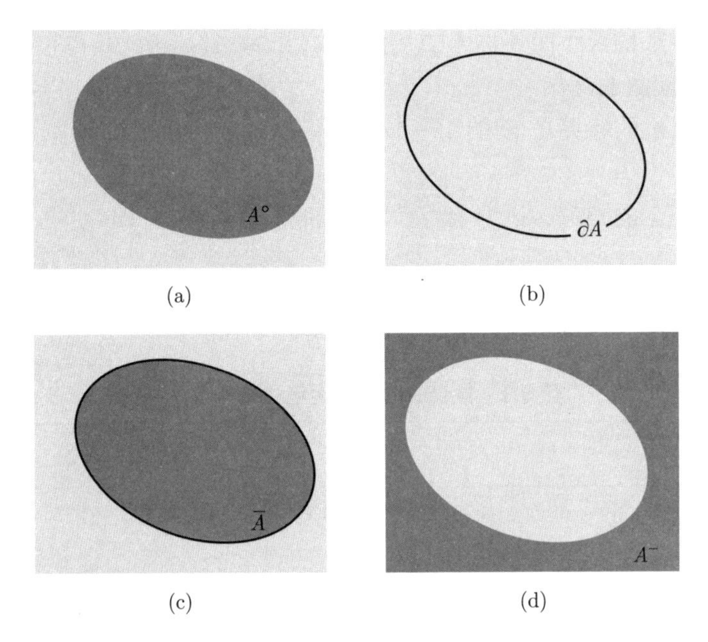

图 9.6 一个开集的内部 (a)、边界 (b)、闭包 (c) 和外部 (d)

9.3 拓扑空间的分类

有多种方法可以对拓扑空间进行分类。通常的方法是根据它们的点的分离程度，考虑它们的紧致性、总体大小和连通性来完成分类。我们接下来将详细介绍这些概念。

9.3.1 分离公理

在拓扑学中，有许多不同的方法能够区分不相交集合和不同点。我们首先给出区分两个不同点的公理。

定义 9.13 (T_0 **空间**) 如果两个不同点中至少有一个点存在一个邻域不包含另一个点，则称该拓扑空间为 T_0（或 T_0 空间）。

定义 9.14 (T_1 **空间**) 如果两个不同点都具有不包含另一点的邻域，则称该拓扑空间为 T_1（或 T_1 空间）。

定义 9.15 (**豪斯多夫空间**) 如果两个不同点 $a, b \in X$ 具有不相交的开邻域，则拓扑空间 X 被称为豪斯多夫空间或 T_2 空间。换言之，存在两个开集 A 和 B，使得 $a \in A, b \in B$ 且 $A \cap B = \varnothing$。

每个具有度量拓扑的度量空间都是 T_2 空间。豪斯多夫空间始终是 T_1 空间，每个 T_1 空间始终是 T_0 空间。

图 9.7 说明了分离公理 T_0、T_1 和 T_2 的特征。

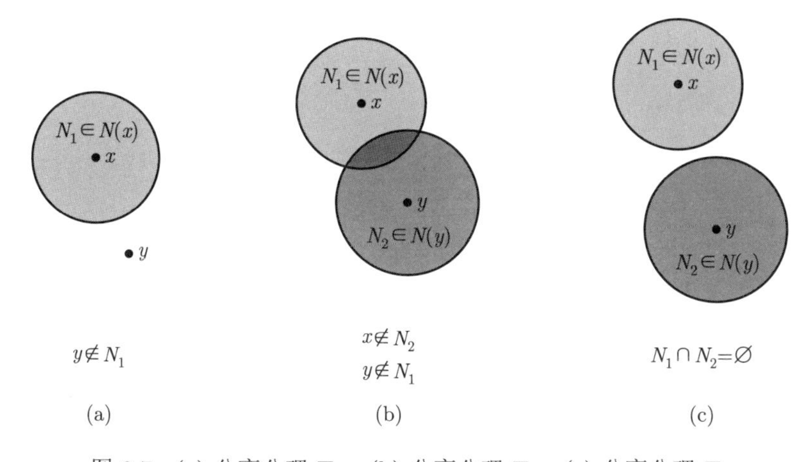

图 9.7 (a) 分离公理 T_0；(b) 分离公理 T_1；(c) 分离公理 T_2

现在请关注分离集合的公理。首先，我们定义一个公理，将闭集与位于该集合之外的点分开。

定义 9.16 (**正则空间**) 如果一个拓扑空间是 T_1，并且对于任意一个闭集 C 和 C 之外的任意一点 x，都存在不相交的开邻域，那么称这个空间为正则空间或 T_3 空间。

每个具有度量拓扑的度量空间都是正则的。每个正则空间都是豪斯多夫空间，反之则不成立，因为存在非正则的豪斯多夫空间。

最后，我们给出一个分离闭集的分离公理。

定义 9.17 (**正规空间**) 如果一个拓扑空间是 T_1，并且对于任意两个不相交的闭集 C_1 和 C_2，都存在不相交的开邻域，则称这个空间为正规空间或 T_4 空间。

每个具有度量拓扑的度量空间都是正规的。每个正规空间都是正则的，反之则不成立，因为存在非正规的正则空间。

图 9.8 描绘了导出正则空间（T_3 和 T_1 公理）和正规空间（T_4 和 T_1 公理）定义的公理。

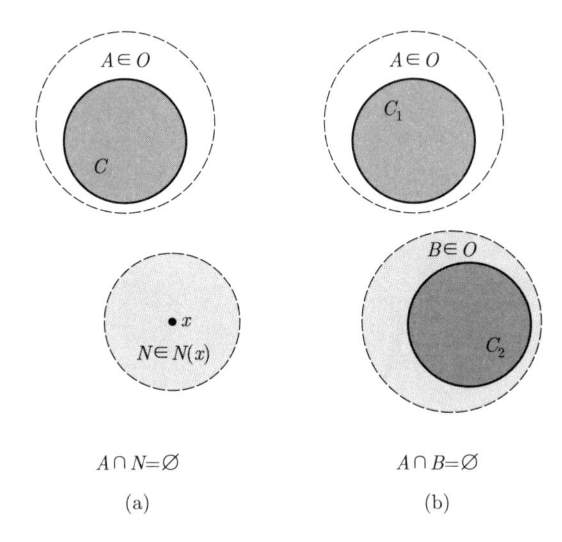

图 9.8 (a) 分离公理 T_3；(b) 分离公理 T_4

图 9.9 显示了拓扑空间的分离特征间的关系。

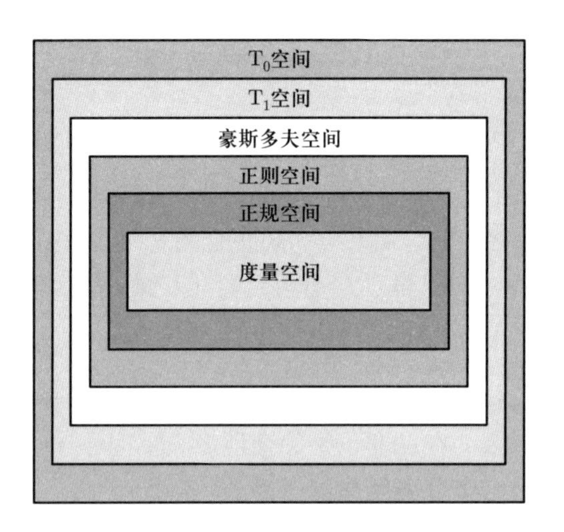

图 9.9 拓扑空间的分离特征间的关系

分离特征是空间上的拓扑性质，即如果一个拓扑空间 X 具有一定的分离特征，并且从一个拓扑空间 X 到另一个拓扑空间 Y 存在同胚，那么拓扑空间 Y 也会具有相同的特征。我们可以看到度量空间是拓扑空间的一个非常特殊的例子，它具有所有的分离特征。

9.3.2 紧致性

在本节中，我们讨论条件强于分离特征的拓扑空间的性质，这些条件由所谓的开覆盖定义。在最后，我们将看到欧几里得空间的闭的且有界的子集[①]具有特殊的重要性。

定义 9.18 (**开覆盖**) 设 X 为一个拓扑空间，$\mathcal{F}$ 是 X 的开子集的一个族。如果这些子集的并集是整个空间 X，我们称 $\mathcal{F}$ 为 X 的一个开覆盖。如果 $\mathcal{F}'$ 是 $\mathcal{F}$ 的一个子族且 $\cup\mathcal{F}' = X$，则 $\mathcal{F}'$ 是 $\mathcal{F}$ 的一个子覆盖。

例 9.16 对于欧几里得平面 $\mathbb{R}^2$ 中所有半径为 1 且中心具有整数坐标的开圆盘，这些开圆盘的并集覆盖了整个空间。因此，它们是 $\mathbb{R}^2$ 的一个开覆盖。如果我们去掉一个开圆盘，它们的并集就不再是整个空间了。因此，这个开圆盘的族没有子覆盖。

如果一个拓扑空间存在一个有限的子覆盖，则称这个空间为紧致空间。

定义 9.19 (**紧致空间**) 如果拓扑空间 X 的每个开覆盖都有一个有限子覆盖，我们称 X 为紧致空间。

以下空间是紧致的：
- 单位闭区间 [0,1]。
- 任意有限拓扑空间。
- 分别存在于 $\mathbb{R}^1$、$\mathbb{R}^2$ 和 $\mathbb{R}^3$ 空间中的闭合区间，如圆盘和球。

关于紧致空间可以得出以下结论，它们的证明可在拓扑学的文献中找到。
- 紧致空间的连续像是紧致的[②]。
- 紧致空间的闭子集是紧致的。
- 当且仅当 n 维欧几里得空间是闭集且有界时，其子集是紧致的。
- 紧致豪斯多夫空间是正规的。

根据第 9.3.1 节关于分离的结果和上述结论的最后一项，可知度量空间和紧致豪斯多夫空间都是正规的。

---

① 当一个集合包含在一个有限半径的开球中时，它是有界的。

② 这个命题表明，在连续映射（而非同胚）的较弱条件下，拓扑性质的紧致性仍然保留。

如果我们将紧致性条件放宽为有一个可数子覆盖，而不是有限子覆盖，我们就得到了 Lindelöf 空间的定义。

定义 9.20 (Lindelöf 空间) 如果拓扑空间 X 的每一个开覆盖都有一个可数子覆盖，X 就被称为 Lindelöf 空间（或者称空间 X 是 Lindelöf 的）。紧致空间始终是 Lindelöf 空间。

例 9.17 具有开圆盘的自然拓扑的欧几里得平面 $\mathbb{R}^2$ 是 Lindelöf 空间。

紧致性是在同胚下保持不变的拓扑性质。

9.3.3 大小

拓扑空间的进一步表征可以根据它们的大小来完成。一个集合大小是根据它的基数（或者说元素的数量）来度量的。我们回顾第 5 章关于集合论的内容，如果一个集合包含有限数量的元素或者是可数无限的，那么它是可数的。

为了继续下面的内容，我们需要对稠密进行定义。

定义 9.21 (稠密集) 如果拓扑空间 X 的一个子集 A 的闭包是 X，即 $\overline{A} = X$，那么 A 是稠密的。

例 9.18 有理数是实数的稠密子集，因为可以证明 $\overline{\mathbb{Q}} = \mathbb{R}$。有理数是可数无限的。

根据集合的可数和稠密两个性质，我们可以对拓扑空间的大小施加一些限制，从而引出可分拓扑空间的定义。

定义 9.22 (可分空间) 如果拓扑空间有一个可数稠密子集，则该拓扑空间是可分的。

例 9.19 n 维欧几里得空间是可分的。

定义 9.23 (第一可数) 如果每个点都有一个可数的局部基，则拓扑空间是第一可数的。

例 9.20 每个度量空间都是第一可数的。根据例 9.13，我们已经为一个度量空间确定了一个可数的局部基，因此它是第一可数的。

例 9.21 每个离散拓扑空间都是第一可数的。

第一可数是拓扑空间的一个局部性质，它完全由点的邻域性质所决定。拓扑空间的另一个性质更多地与空间的全局特征有关。

定义 9.24 (**第二可数**) 如果一个拓扑空间的拓扑有一个可数基，则该拓扑空间是第二可数的。

例 9.22 欧几里得平面 $\mathbb{R}^2$ 是第二可数的。根据例 9.11，具有有理数半径和中心坐标的开圆盘是 $\mathbb{R}^2$ 的一个可数基。因此，$\mathbb{R}^2$ 是第二可数的。

对于拓扑空间，我们可以对其“大小”特征做如下表述：如果一个拓扑空间是第二可数的，那么它也是第一可数的、可分离的并且是 Lindelöf 的。

拓扑空间可分离、第一可数和第二可数的性质是拓扑性质，在同胚下保持不变。

9.3.4 连通性

拓扑空间的连通性涉及这样一类空间的性质，即拓扑空间无法被划分为两个不相交且并集是整个拓扑空间的非空开集。

定义 9.25 (**连通空间**) 如果空间 X 可以表示为两个非空子集的并集，即 $X = A \cup B$ 且 $\overline{A} \cap B \neq \varnothing$ 或 $A \cap \overline{B} \neq \varnothing$，则空间 X 是连通的。

直观地说，如果一个空间以一个整体出现或者它不能表示为两个不相交的开子集的并集，那么它就是连通的。拓扑空间 X 上的下列条件等价于连通性：

- X 是连通的。
- X 仅有的两个既是开集又是闭集的子集是空集和 X 自身。
- X 不能表示为两个不相交的非空开集的并集。

例 9.23 欧几里得空间 $\mathbb{R}^n$ 是连通的，因为空集和 $\mathbb{R}^n$ 是仅有的两个既是开集又是闭集的集合。

例 9.24 设 $X = \{a, b, c, d, e\}$ 为一个集合，$O = \{X, \varnothing, \{a\}, \{c, d\}, \{a, c, d\}, \{b, c, d, e\}\}$ 为 X 上的一个拓扑，那么 X 是不连通的，因为 $\{a\}$ 和 $\{b, c, d, e\}$ 是不相交的开集，并且 $X = \{a\} \cup \{b, c, d, e\}$ 是两个不相交的非空开集的并集。

当我们研究一个拓扑空间中的两个点如何连通的时候，可以表述一个更强的限制条件。

定义 9.26 (**道路连通空间**) 如果拓扑空间 X 的任意两点 $x_1, x_2 \in X$ 可以通过道路连接，则拓扑空间 X 是道路连通的。拓扑空间 X 中的道路是一个连续函数 $f : [0, 1] \to X$，使得 $f(0) = x_1$（起点）和 $f(1) = x_2$（终点）。

通常，每个道路连通的空间都是连通的。反之则不成立。然而，对于具有自然拓扑的欧几里得平面 $\mathbb{R}^2$ 的区域[①]，我们有以下结论：$\mathbb{R}^2$ 的每个开连通子集都是道路连通的。

连通性是一种拓扑性质，即在同胚下保持不变。连通集在连续映射下的像也是连通的。

9.4 单纯复形和胞腔复形

到目前为止，我们所研究的拓扑空间对于许多与空间数据有关的研究来说是非常一般且过于复杂的，因此，我们需要寻找可以替代它们的更简单的空间，这些简单空间可以拼接在一起，形成更复杂的空间，同时保持可识别的形状并易于处理。

这些简单空间中有一类是多面体。多面体是一种拓扑空间，由简单的构造块，即单纯形构成。推广到多面体则是由胞腔粘连在一起形成胞腔复形（或 CW 复形）。

9.4.1 单纯形和多面体

我们首先需要引入单纯形的概念。简单来说，单纯形是欧几里得空间中各个几何维度中最简单的几何图形，即 0 维空间中的点、1 维空间中的直线段、2 维空间中的三角形和 3 维空间中的四面体。

定义 9.27 (单纯形) 给定一般位置的 $k+1$ 个点 $v_0, v_1, \cdots, v_k \in \mathbb{R}^n$，其中 $k \leqslant n$，我们称包含它们的最小闭凸集为 k – 单纯形（或 k 维单纯形），记为 $\overline{\sigma}^k$。这些点 $v_0, v_1, \cdots, v_k$ 称为单纯形的顶点。一个闭单纯形可以写成 $\overline{\sigma}^k = \lambda_0 v_0 + \lambda_1 v_1 + \cdots + \lambda_k v_k$，其中，$\lambda_0, \lambda_1, \cdots, \lambda_k \in \mathbb{R}_0^+$ 且 $\lambda_0 + \lambda_1 + \cdots + \lambda_k = 1$。

如果我们要求 $\lambda_0, \lambda_1, \cdots, \lambda_k \in \mathbb{R}^+$（不含零的正实数），则得到一个开 k – 单纯形，记为 σ^k。

图 9.10 说明了维数为 0、1、2、3 的闭单纯形的定义。

闭单纯形 $\overline{\sigma}^k$ 顶点的非空子集的凸包称为单纯形的面。如果一个单纯形的维数为 n，则一个 k – 面就是一个 k 维的单纯形，其中 $k < n$。

在图 9.10 中，闭合的 1 – 单纯形有 v_0 和 v_1 两个 0 – 面；三角形有 v_0、v_1、v_2 三个 0 – 面以及 v_0v_1、v_1v_2、v_2v_0 三个 1 – 面；四面体有四个 0 – 面、六个

① 拓扑空间的开连通子集称为区域。

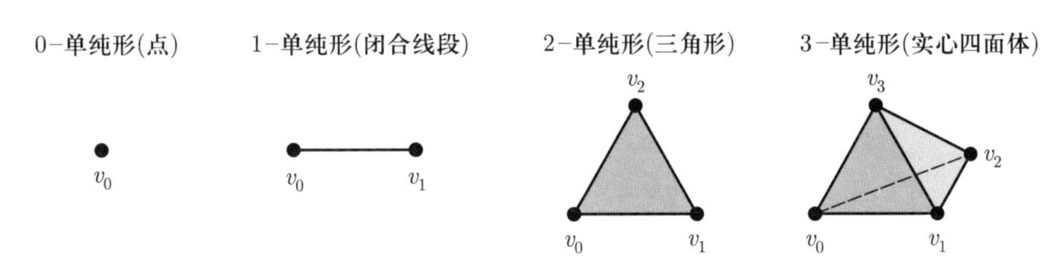

图 9.10 维数为 0、1、2、3 的单纯形

1-面和四个 2-面。

单纯形是一个拓扑空间，它的自然拓扑是通过嵌入欧几里得空间得到的。我们现在可以使用一种定义的方式将单纯形拼凑成一个单纯复形。

定义 9.28 (**单纯复形**) 如果欧几里得空间中 $\mathbb{R}^n$ 闭单纯形的有限集合 K 满足以下两个条件，则被称为单纯复形：

(1) 对于每个单纯形，其所有面也必须在集合中。

(2) 如果两个单纯形相交，则它们必须相交于一个公共面。

图 9.11 显示了二维欧几里得空间中的两个单纯形集合。左边的是一个单纯复形。右边的违反了单纯复形的条件：上面的三角形与下面的三角形相接触，然而它们没有公共面；线段与上面的三角形相交，但没有相交在公共面内。

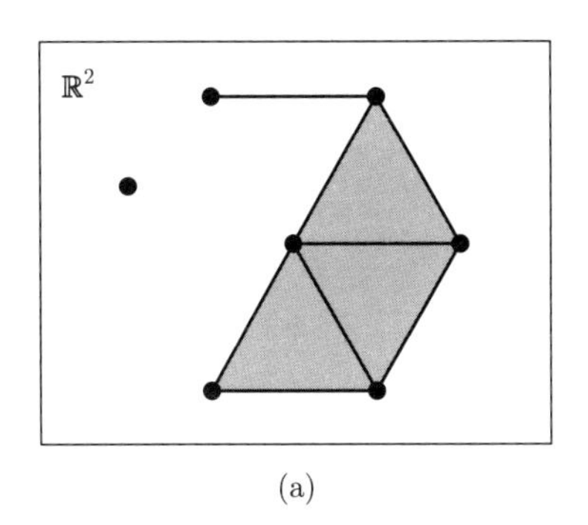

(a)

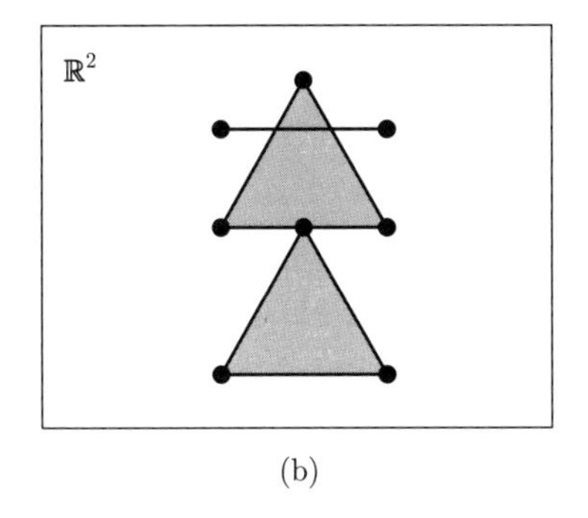

(b)

图 9.11 有效单纯复形 (a) 和无效单纯复形 (b)

请注意，单纯复形是一组单纯形，因此不是拓扑空间。然而，如果我们把单纯复形中的所有单纯形的并集作为欧几里得空间的子集，我们可以应用子空间拓扑①，并使其成为拓扑空间。从这个角度看，单纯复形是一个拓扑空间，我们称之为多面体，记为 $|K|$。

① 给定一个拓扑空间 X 及其子集 Y，我们通过 X 的开集与 Y 相交定义了一个子空间。这给了我们 Y 上一个新的拓扑的开集，即子空间拓扑。Y 被称为 X 的子空间。

多面体具有有用的性质。作为欧几里得空间的闭有界子集，它们是紧致的度量空间。

9.4.2 胞腔和胞腔复形

在许多拓扑研究中，多面体过于特殊和复杂。另一方面，普通的拓扑空间又过于一般。胞腔复形是介于两者之间的一个概念，它也具有许多有用的性质。

定义 9.29 (**单位球、单位球面、单位胞腔、胞腔**) 设 $\mathbb{R}^n$ 为具有自然拓扑的 n 维欧几里得空间。则子空间 $D^n = \{x \in \mathbb{R}^n \mid |x| \leqslant 1\}$ 称为 n 维单位球；$(n-1)$ 维子空间 $S^{n-1} = \{x \in \mathbb{R}^n \mid |x| = 1\}$ 称为 $(n-1)$ 维单位球面；子空间 $\mathring{D}^n = \{x \in \mathbb{R}^n \mid |x| < 1\}$ 称为 n 维单位胞腔。与 $\mathring{D}^n$ 同胚的拓扑空间称为 n 维胞腔（或 n – 胞腔）。

例 9.25 在 $\mathbb{R}^2$ 中，单位球是半径为 1 的闭圆盘，单位球面是半径为 1 的圆，单位胞腔是半径为 1 的开圆盘。

例 9.26 每个开 n – 单纯形都是一个 n – 胞腔。

图 9.12 显示了维度为 0、1、2、3 的单位球以及相应的 0 – 胞腔、1 – 胞腔、2 – 胞腔和 3 – 胞腔。

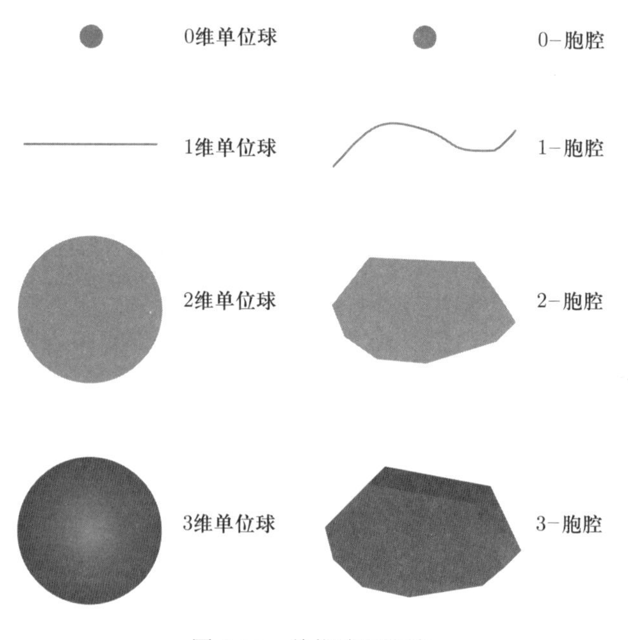

图 9.12 单位球和胞腔

我们现在可以将单纯复形的概念推广到胞腔复形，胞腔复形被定义为以某种方式粘合在一起的胞腔的集合。

定义 9.30 (**胞腔分解、骨架**) 胞腔分解是一个拓扑空间 X 和一个元素为胞腔的 X 的子空间的集合 $\mathcal{C}$，使得 X 为这些胞腔的不相交并集，即 $X=\bigcup_{c\in\mathcal{C}}c$。$X$ 的 n 维骨架是子空间 $X^n=\cup\{c\in\mathcal{C}\mid\dim(c)\leqslant n\}$。于是我们有了一系列子空间：$\varnothing=X^{-1}\subseteq X^0\subseteq X^1\subseteq\cdots\subseteq X^{n-1}\subseteq X^n$，$\cup X^n=X$。

图 9.13 显示了具有 1 维和 0 维骨架的二维空间的胞腔分解。

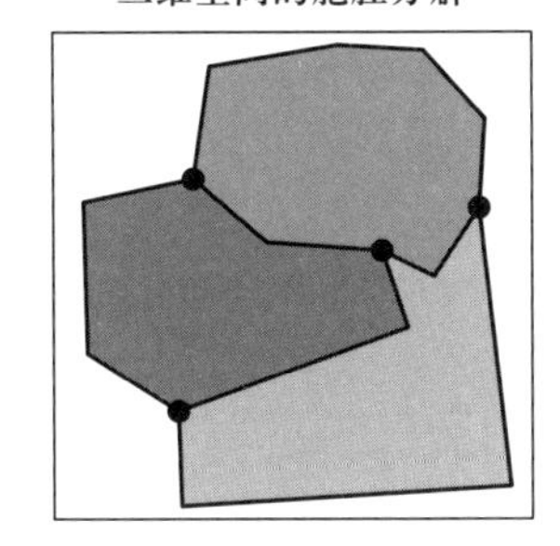

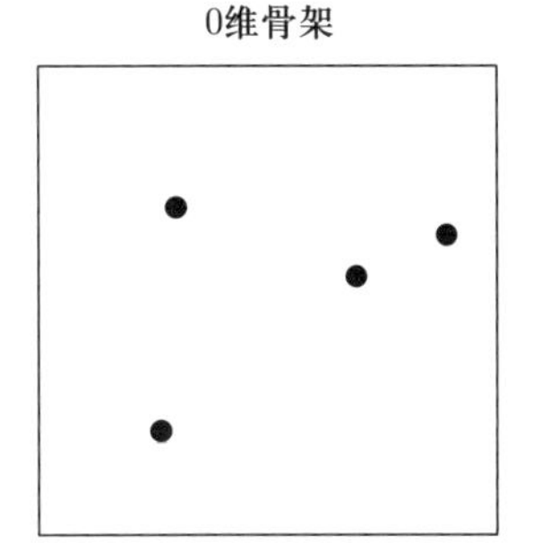

图 9.13 胞腔分解和骨架

例 9.27 多面体 $|K|$ 的开单纯形是多面体 $|K|$ 的一个胞腔分解。这意味着 0 – 胞腔、1 – 胞腔和 2 – 胞腔（例如二维多面体）的不相交并集等价于 $|K|$。

定义 9.31 (**胞腔的闭包和边界**) 对于每个胞腔，我们都有一个闭胞腔 $\overline{c}$ 或 c 在 X 中的闭包。c 的边界即为 $\partial c=\overline{c}-c$。

需要注意的是，通常情况下，胞腔的边界与集合的边界不同。集合的边界是根据嵌入的空间定义的，而胞腔的边界则取决于胞腔的尺寸，胞腔的尺寸是明确确定的。

例 9.28 对于 $\mathbb{R}^3$ 中的一个线段 L，L 的点集拓扑边界定义为 $\partial L=\overline{L}\cap\overline{\mathbb{R}^3-L}$，它是全部的 $\overline{L}$。但是，如果 L 是一个一维胞腔，则其边界是两个端点。

定义 9.32 (**胞腔复形**) 一个具有胞腔分解的豪斯多夫空间如果满足以下条件，则它是一个胞腔复形（或 CW 复形）：

(1) 对于每个胞腔 c，存在一个连续函数 $f:D^n\to X$，使得 $f\left(S^{n-1}\right)\subseteq X^{n-1}$ 并且开胞腔 c 是单位胞腔的同胚的像，即 $f\left(\mathring{D}^n\right)=c$。

(2) 每个闭胞腔都包含于开胞腔的有限并集中。

(3) X 的子集 A 是闭的，当且仅当对于每一个胞腔 c，$A \cap \overline{c}$ 在 X 中是闭的。

当 $X = X^n \neq X^{n-1}$ 时，胞腔复形是 n 维的，如果一个胞腔复形有有限数量的胞腔，则被称为有限胞腔复形。

条件 (1) 定义了一个从 n 维单位球到空间 X 的函数，使得开胞腔显示为单位胞腔的同胚的像，并且 $(n-1)$ 维球面被连续映射到 X^{n-1} 空间的子集。特别地，这里有 $f : \left(D^n, S^{n-1}\right) \to (\overline{c}, \partial c)$ 或 $f\left(\mathring{D}^n \cup S^{n-1}\right) = c \cup \partial c$。闭胞腔和边界是紧致的。条件 (2) 也被称为闭包有限，条件 (3) 是所谓的弱拓扑的条件。

胞腔复形与单纯复形的区别如下：

- 胞腔复形的单元不一定是几何单纯形。
- n – 胞腔的闭包不一定是一个 n 维球，同时 n – 胞腔的边界也不一定是一个 $(n-1)$ 维球面。
- 维数为 n 的胞腔复形并不需要包含所有 k 维胞腔 $(k < n)$，然而，每个非空胞腔复形至少有一个 0 – 胞腔。
- 胞腔的闭包 $\overline{c}$ 和边界 ∂c 不一定是胞腔的并集。

胞腔复形的构建较为容易。图 9.14 介绍了二维胞腔复形的构建过程。我们从一个离散空间 X^0 开始（至少由一个 0 – 胞腔组成），粘合 1 – 胞腔，这样我们就得到了 X^1，继续粘合 2 – 胞腔，于是我们就得到了 X^2。从图中可以看出 $X^0 \subseteq X^1 \subseteq X^2$。

从0–胞腔开始

X^0

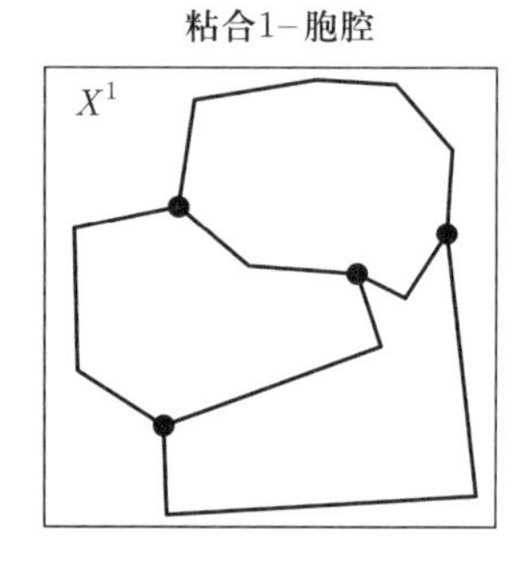

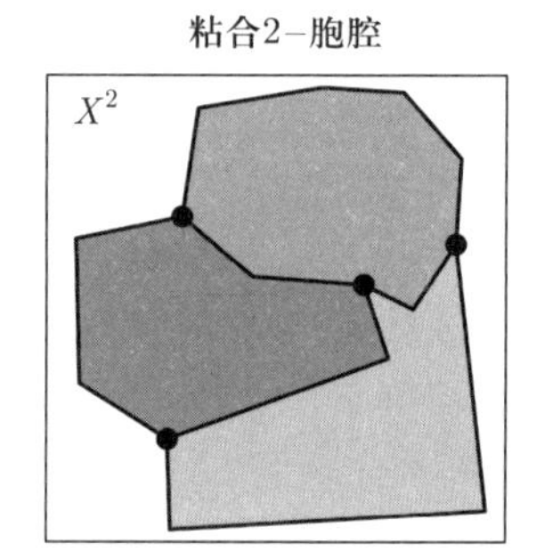

图 9.14 胞腔复形的构建

9.5 在 GIS 中的应用

在 GIS 中空间特征主要体现在二维 $(\mathbb{R}^2)$ 或三维 $(\mathbb{R}^3)$ 欧几里得空间，具有开圆盘或开球体的自然拓扑结构。欧几里得空间是一个度量空间（因此也是一个正规空间、正则空间和豪斯多夫空间)、第二可数空间(因此也是第一可数空间、可分空间和 Lindelöf 空间)和连通空间。欧几里得空间的闭子集和有界子集是紧致的(如闭胞腔和闭单纯形)。

在 $\mathbb{R}^2$ 或 $\mathbb{R}^3$ 中由线性特征(网络)组成的空间数据集是一维胞腔复形,其中弧是 1-胞腔,节点是 0 维骨架。多边形特征数据集是以多边形为 2-胞腔,以边界弧和节点为 1 维骨架的二维胞腔复形。

9.5.1 空间数据集

为了在 GIS 中表示二维空间要素,我们有两种选择:①使用单纯复形,即将所有空间特征表示为具有特定条件的一组单纯形(参见定义 9.28);或者②通过将胞腔以适当方式粘合在一起,将其表示为胞腔复形(参见定义 9.32)。

在第一种情况下,我们必须用一组三角形来表示所有要素。一方面,三角形结构非常简单且易于处理;但另一方面,每个多边形都必须由大量三角形来近似表达,这通常是不可取的。而表示数字高程模型的不规则三角网(triangular irregular network, TIN)是一个例外。

在第二种情况下,所有要素都是粘合在一起的胞腔。这种方法更适合于一般多边形特征,因为它避免了对三角形的使用。事实上,GIS 数据库中的每个拓扑结构数据集都是 2 维胞腔复形的数字表示。

图 9.15 显示了一个二维空间数据集,该数据集作为一个胞腔复形嵌入到 $\mathbb{R}^2$ 中。该复形由四个 0-胞腔 $(1,2,3,4)$、六个 1-胞腔 (a,b,c,d,e,f) 和三个 2-胞腔 (A,B,C) 组成。嵌入欧几里得空间 $\mathbb{R}^2$ 的作用是"世界多边形"或"外部多边形",通常用 W 或 O 表示。

一个表示该胞腔复形的数据结构是所谓的弧节点结构。其中,0-胞腔是节点,1-胞腔是节点之间的弧。每条弧都有一个起始节点和一个结束节点,从而定义了弧的方向[①],在图中用箭头表示。对于每条弧,根据从起始节点到结束节点的方向,我们关注哪个多边形(2-胞腔)位于它的左边,哪个位于它的右边。

对于道路或河流网等网络,最好将它们建模为胞腔复形的 1 维子集(或骨架)。然后将拓扑关系简化为边(弧)和节点之间的关联关系。这种结构也被称为图。图论虽然与拓扑学密切相关,但已经发展成为一门独立的数学学科。GIS 中常用的一种特殊图形是平面图,它完全嵌入平面中,因此任意两条边的交点都在节点上。

关系数据库中弧-节点结构的实现需要一个用于记录弧-节点关系的表、

① 弧的方向通常由数字化或测量过程确定,是从起点(起始节点)到终点(结束节点)的一条线。

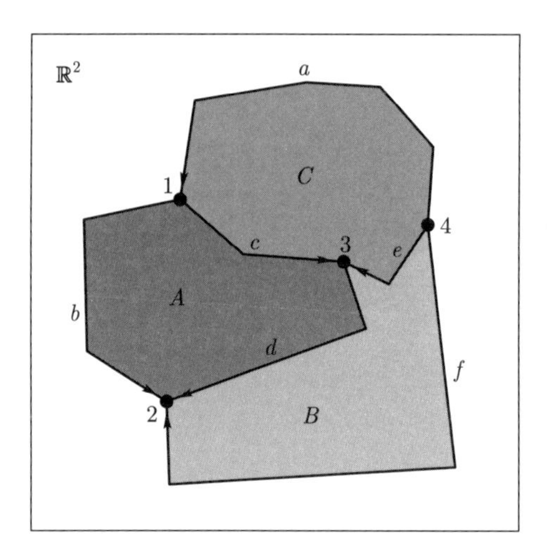

图 9.15 二维空间数据集作为胞腔复形

一个用于记录多边形属性的表以及一个用于记录弧节点的表。表 9.2 显示了图 9.15 中单元复合体弧–节点结构的弧表。

表 9.2 弧–节点结构的弧表

弧号	起始节点	结束节点	左多边形	右多边形
a	4	1	C	W
b	1	2	A	W
c	1	3	C	A
d	3	2	B	A
e	4	3	B	C
f	4	2	W	B

9.5.2 拓扑变换

正如我们所知，拓扑学是数学的一个分支，它涉及在拓扑映射下保持不变的空间性质。假设使用弧–节点结构将空间要素存储在数据库中，当对数据集应用变换操作（如地图投影）时，A、B 和 C 之间的邻域关系保持不变，边界线保持相同的起始节点和结束节点。这些区域仍然以相同的边界线为边界，只是它们的形状、面积和周长发生了变化，如图 9.16 所示。

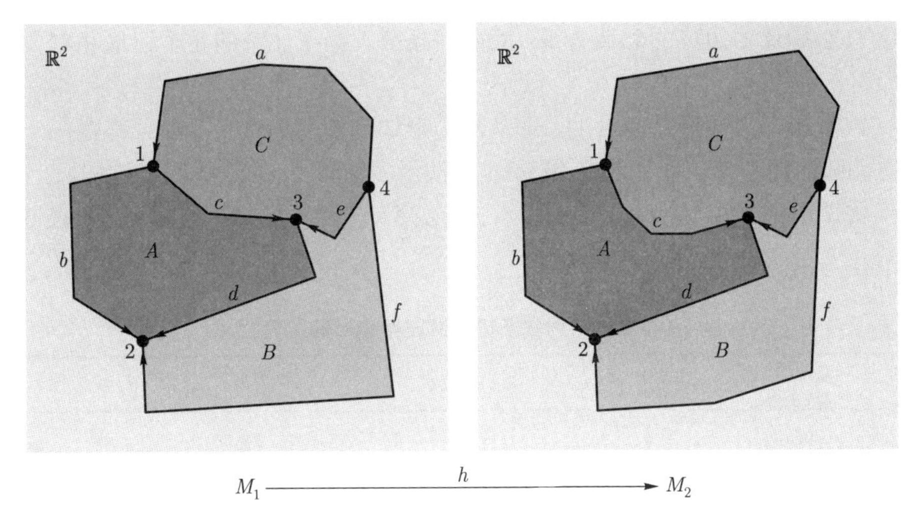

图 9.16 拓扑映射

从拓扑学上讲，我们这里应用了一个从胞腔复形 M_1 到胞腔复形 M_2 的同胚 $h : M_1 \to M_2$，它们在拓扑上是等价的。

9.5.3 拓扑一致性

胞腔复形的表示必须是一致的，也就是说，不能违反其拓扑性质。如果能证明数据集中的每个元素都满足以下规则，我们就能确定它是一个拓扑一致的二维构型。

(TC1) 每个 1–胞腔由两个 0–胞腔限定（每条弧都有一个起始节点和一个结束节点）。

(TC2) 对于每个 1–胞腔，存在两个 2–胞腔（对于每条弧，都存在两个相邻的多边形，即左多边形和右多边形）。

(TC3) 每个 2–胞腔由 0–胞腔和 1–胞腔的闭合环限定（每个多边形都有一个由节点和弧交替排列组成的闭合边界）。

(TC4) 每个 0–胞腔被 1–胞腔和 2–胞腔的闭合环包围（每个节点周围都存在一个交替闭合的弧和多边形序列）。

(TC5) 胞腔仅在 0–胞腔中相交（如果圆弧相交，则它们的交点在节点处）。

这些规则如果不加以补充或修改，则不能应用于其他维度。下面我们将讨论当我们有一个弧的记录表时如何检查这些条件。

TC1 要求每条弧必须有一个起始节点和一个结束节点。每条弧的起始节点和结束节点都有一个非空值即可。

TC2 确保多边形的邻域关系。对于每条弧，存在非空的左多边形和右多边形即可。

TC3 确保多边形是闭合的，即从多边形边界的任何节点开始，都存在一个节点和弧的闭合环。我们将在图 9.15 中演示多边形 A 的边界闭合过程。

从弧记录表中选择 A 显示为右多边形或左多边形的所有行，如表 9.3 所示。

表 9.3 A 为右多边形或左多边形的所有行

弧号	起始节点	结束节点	左多边形	右多边形
a	4	1	C	W
b	1	2	A	W
c	1	3	C	A
d	3	2	B	A
e	4	3	B	C
f	4	2	W	B

确保对于所有选中的记录，A 始终显示为左多边形或右多边形。在我们的示例中，我们希望 A 始终是右多边形①。对于 A 不是右多边形的行，我们必须交换左多边形和右多边形。当然，如果我们要这样做，我们还必须交换起始节点和结束节点以保持方向。在本例中，我们必须交换弧 b 的节点，得到如表 9.4 所示的配置。

现在，我们从所选行的任何起始节点开始，把节点串成链。在示例中，我们从弧 c 和节点 1 开始，如图 9.17 所示。c 的结束节点是 3。在下一步中，查找以节点 3 作为起始节点的记录，并像之前的操作那样继续连接。当我们返回到开始的节点时，循环结束，表明多边形边界是闭合的；否则，多边形边界上存在矛盾之处。

TC4 保证了节点附近胞腔复形的平面性，即对于每个节点，必须有一个 1–胞腔和 2–胞腔交替的闭合循环的“伞”状结构。我们将在图 9.15 中演示节点 3 的循环过程：

从弧记录表中选择节点 3 显示为起始节点或结束节点的所有行，如表 9.5 所示。

① 选择的依据可以是，三行中有两行的条件都已经满足。

表 9.4 弧 b 的节点交换后的配置

弧号	起始节点	结束节点	左多边形	右多边形
a	4	1	C	W
b	2	1	W	A
c	1	3	C	A
d	3	2	B	A
e	4	3	B	C
f	4	2	W	B

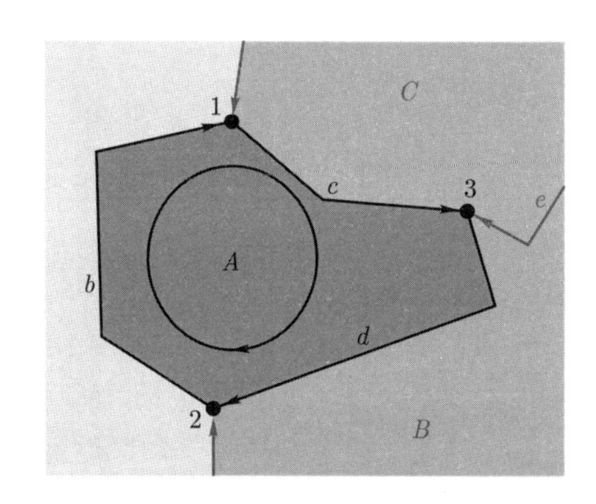

图 9.17 闭合多边形边界检查

表 9.5 节点 3 为起始节点或结束节点的所有行

弧号	起始节点	结束节点	左多边形	右多边形
a	4	1	C	W
b	1	2	A	W
c	1	3	C	A
d	3	2	B	A
e	4	3	B	C
f	4	2	W	B

确保对于所有选中的记录，节点 3 始终显示为起始节点或结束节点。在我们的示例中，我们希望 3 始终是结束节点。对于那些 3 不是结束节点的行，我们必须交换起始节点和结束节点。当然，如果我们这样做，我们还必须交换左右多边形以保持方向。在我们的例子中，我们必须交换弧 d 的起始节点和结束节点，于是有表 9.6。

表 9.6 弧 d 的节点交换后的配置

弧号	起始节点	结束节点	左多边形	右多边形
a	4	1	C	W
b	2	1	W	A
c	1	3	C	A
d	2	3	A	B
e	4	3	B	C
f	4	2	W	B

现在，我们从选定行的任意左多边形开始，通过多边形进行连接。在我们的示例中，我们从圆弧 c 和左多边形 C 开始，如图 9.18 所示。c 的右多边形是 A。在下一步中，查找 A 显示为左多边形的记录，然后继续之前的操作。当我们返回到开始的多边形时，循环结束，同时“伞”也是闭合的。否则，节点中就会出现不一致性。

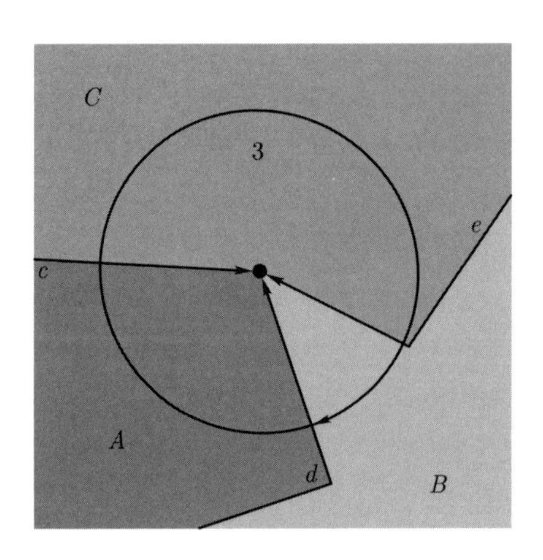

图 9.18 节点一致性检查

TC5 必须通过计算弧的交点并指出非节点位置的交点来进行检验。

9.5.4 空间关系

单纯形或胞腔之间的关系定义了空间数据的一致性约束，而我们可以使用内部、边界和外部的拓扑属性来定义空间要素之间的关系。由于内部、边界和外部的属性在拓扑映射下不会发生变化，我们可以研究空间要素之间可能的关系。

我们假设两个空间区域 A 和 B。两者都有各自的边界、内部和外部。当我们考虑边界、内部和外部的所有可能的交叉组合时，我们知道这些属性在任何拓扑变换下都不会改变。这可以放在一个被称为 9 交模型的矩阵 $\boldsymbol{I}_9(A,B)$ 中，并写为

$$\boldsymbol{I}_9(A,B)=\begin{pmatrix} A^\circ\cap B^\circ & A^\circ\cap\partial B & A^\circ\cap B^- \\ \partial A\cap B^\circ & \partial A\cap\partial B & \partial A\cap B^- \\ A^-\cap B^\circ & A^-\cap\partial B & A^-\cap B^- \end{pmatrix}$$

一个更简单的版本是只考虑内部和边界的 4 交模型。4 交模型可以写为

$$\boldsymbol{I}_4(A,B)=\begin{pmatrix} A^\circ\cap B^\circ & A^\circ\cap\partial B \\ \partial A\cap B^\circ & \partial A\cap\partial B \end{pmatrix}$$

从这些相交模式中，我们可以得出两个区域之间的八种相互空间关系。例如，如果 A 的边界与 B 的边界相交，A 的内部与 B 的内部不相交，A 的外部与 B 的外部相交，则称之为 A 和 B 相接，或 $\boldsymbol{I}_{\text{meet}}=\begin{pmatrix} \varnothing & \varnothing \\ \varnothing & \neg\varnothing \end{pmatrix}$。图 9.19 显示了所有可能的八种空间关系：①相离（disjoint）；②相接（meet）；③相等（equal）；④包含于且边界不交（inside）；⑤包含于且边界相交（covered by）；⑥包含且边界不交（contain）；⑦包含且边界相交（cover）；⑧相交（overlap）。

例如，可以在对空间数据库的查询中使用这些关系，如图 9.19 所示。

假设 A 在 B 内部且边界不交，图 9.20 给出了两者之间的空间关系和 4 交模型的图形表示，即

$$\boldsymbol{I}_{\text{inside}}=\begin{pmatrix} \neg\varnothing & \varnothing \\ \neg\varnothing & \varnothing \end{pmatrix}$$

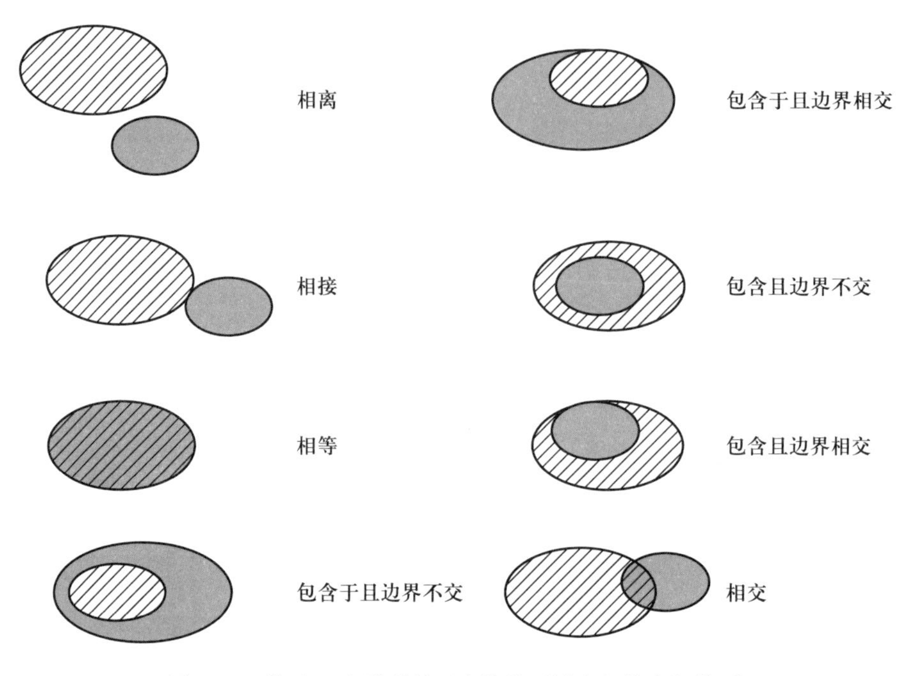

图 9.19 基于 9 交模型的两个简单区域之间的空间关系

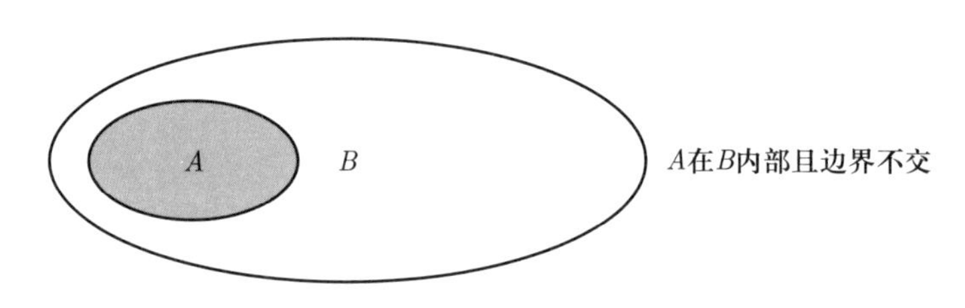

图 9.20 两个区域 A 和 B 之间的空间关系和 4 交模型表示

9.6 习题

习题 9.1 图 9.21 显示了包含 9 个弧、6 个节点和 4 个多边形的胞腔复形。请完成弧表填写，并检查多边形 A（闭合边界条件）和节点 4（“伞”状结构条件）的一致性。

习题 9.2 设 A 和 B 为两个区域。请写出以下空间关系的 4 交矩阵：A 包含 B 且边界相交、A 和 B 相接、A 包含 B 且边界不交。

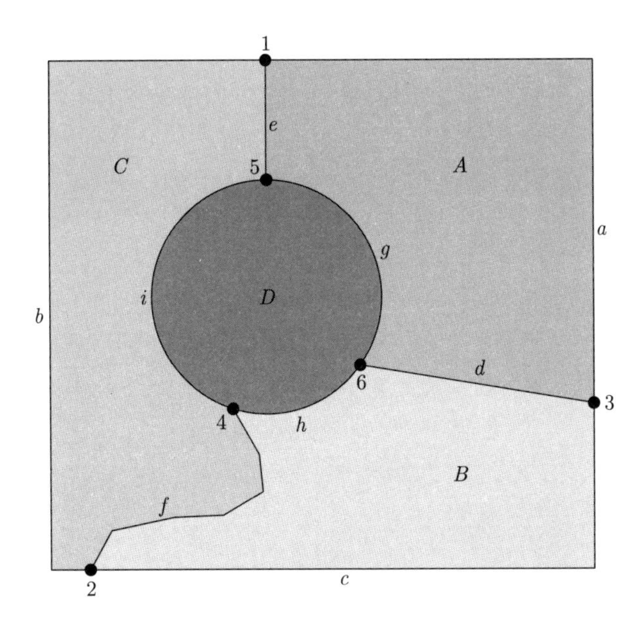

图 9.21 A、B、C 和 D 组成的胞腔复形

第 10 章

有　序　集

次序是数学学科的基本结构之一。当一个集合的元素之间定义了次序关系，使得它们具有可比性时，就称之为（部分）有序集合。大量数学文献涵盖了偏序集和格（一种特殊的有序集）的研究，该理论主要应用于计算机科学领域，如多重继承或布尔代数。

在本章中，我们将介绍偏序集和格的基本原理，并说明它们如何应用于空间要素及其相互关系的描述。

10.1　偏序集合

定义 10.1 (偏序集)　令 P 为一组集合。对于 $x, y, z \in P$，若存在 P 上的二元关系 $\leqslant$ 满足：

(1) $x \leqslant x$ （自反性），

(2) 如果 $x \leqslant y$ 且 $y \leqslant x$，那么 $x = y$（反对称性），

(3) 如果 $x \leqslant y$ 且 $y \leqslant z$，那么 $x \leqslant z$（传递性），

则称其为 P 上的偏序。具有自反性、反对称性和传递性（次序关系）的集合称为偏序集（partially ordered set 或 poset），并写为（$P; \leqslant$）。通常我们直接写为 P，表示“P 是一个偏序集”。

对于每一个偏序集 P，可以通过定义 $x \leqslant y$，同时当且仅当 P 中 $y \leqslant x$，找到一个与 P 对偶的新的偏序集，称为 P 的对偶。任何关于偏序集的语句都可以通过替换“$\leqslant$”为“$\geqslant$”而转换为其对偶语句；反之亦然。

例 10.1　具有关系 $\leqslant$（小于或等于）的自然数是偏序集。

例 10.2 当我们取一个集合 X 的幂集 $\wp(X)$，即 X 的所有子集时，$\wp(X)$ 可以按集合包含排序，如果对于每一个 $A, B \in \wp(X)$，定义了 $A \leqslant B$ 当且仅当 $A \subseteq B$。

例 10.3 对于空间分割 A 和 B，次序关系 $A \leqslant B$ 表示“A 包含在 B 中”，或表示“B 包含 A”。

所有层次结构都是偏序集，最多有一个元素直接位于所有其他元素之上。层次结构存在一种特殊类型，即完全有序集（或链），其中最多有一个元素位于所有其他元素的正下方，这意味着每个元素都可以与集合中的所有其他元素进行比较。整数空间是完全有序的一个典型示例。

10.1.1 顺序图

对于每个（有限）偏序集，都存在一个图形表示，即偏序集的图（或哈塞图，Hasse 图）。为了描述如何构建图表，需要借助有关“覆盖”的概念：

定义 10.2 (覆盖) 在偏序集 P 中，我们所说的“A 覆盖 B”（或“B 被覆盖于 A”）是指 $B \leqslant A$，且对于任意 $x \in P$，均不存在 $B < x < A$，我们将其写作 $A >\!- B$ 或 $B -\!< A$。换句话说，A 覆盖 B 意味着它大于 B，并且中间没有其他元素。覆盖一个元素 X 的所有元素的集合称为 X 的覆盖，写作 X^-。对应地，被 X 覆盖的所有元素的集合被称为 X 的“cocover”，我们写作 X_-。

偏序集以圆（表示元素）和连接线（表示覆盖关系）绘制表达图，其中，当 A 覆盖 B 时，元素 A 的圆被绘制在元素 B 的圆之上。这些圆用一条直线连接起来。对于一个有限偏序集，我们通过颠倒它来得到对偶图。图 10.1 显示了偏序集及其对应的图。

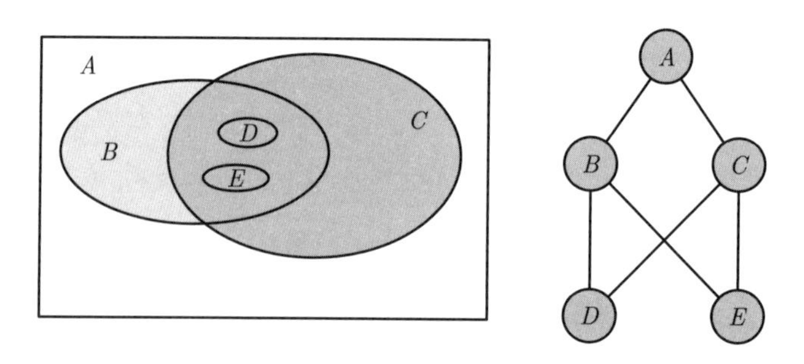

图 10.1 偏序集和对应的图

图 10.1 中的圆和连接线可以看作图的顶点和边。由于序关系定义了边的方向，因此 Hasse 图是有向图。该图中没有循环，即从特定节点开始沿给定方向

的边进行移动，且没有节点被访问两次。这样的图称为有向无环图（或 DAG），许多算法被用于遍历有向无环图和其他相关操作。

定义 10.3 (**最大值和最小值**) 令 P 为一个偏序集且 $S \subseteq P$。若有元素 $a \in S$，对于任意 $x \in S$ 均有 $a \geqslant x$，则 a 是 S 的最大元，写为 $a = \max S$。同理，S 的最小元写为 $\min S$。P 中最大的元素（如果存在）称为 P 的顶部元素，由对偶性定义可知，P 中最小的元素（如果存在）称为 P 的底部元素。

例 10.4 在 $\wp(X)$ 中，我们有 X 为顶部元素，空集为底部元素。

例 10.5 自然数在其通常顺序下的底部元素为 1，但没有顶部元素。

10.1.2 上界和下界

定义 10.4 (**上界和下界**) 令 P 为一个偏序集，且 $S \subseteq P$。对于 $x \in P$，若使得任意的 $s \in S$ 均满足 $s \leqslant x$，则称 x 为 S 的一个上界。由对偶性定义下界。S 的所有上界集表示为 S^*（或 S_{upper}），所有下界集表示为 S_*（或 S_{lower}）；换句话说，我们定义 $S^* = \{x \in P \mid \forall_{s \in S} s \leqslant x\}$ 和 $S_* = \{x \in P \mid \forall_{s \in S} s \geqslant x\}$。

如果 S^* 有一个最小元素，则它被称为最小上界（l.u.b.），也称并（join），或上确界。同样地，如果 S_* 有一个最大元素，则它被称为最大下界（g.l.b.），也称交（meet），或下确界。如果存在最小上界或最大下界，则它总是唯一的。对于两个元素 x 和 y 的最小上界和最大下界，分别写作 $\sup\{x, y\}$ 或 $x \vee y$（读作"x join y"）和 $\inf\{x, y\}$ 或 $x \wedge y$（读作"x meet y"）。对于一个子集 S，写作 $\vee S$（"join of S" 或 $\sup S$）和 $\wedge S$（"meet of S" 或 $\inf S$）。

在某些情况下，不存在最大下界或最小上界。这种情况可能是由于元素没有公共边界或 g.l.b.、l.u.b. 不存在。以图 10.2 中的两个元素 B 和 C 的集合为例，它们的下界为 D 和 E。然而，没有一个下界大于另一个，它们是不可比较的。因此，子集 $\{B, C\}$ 没有最大下界。

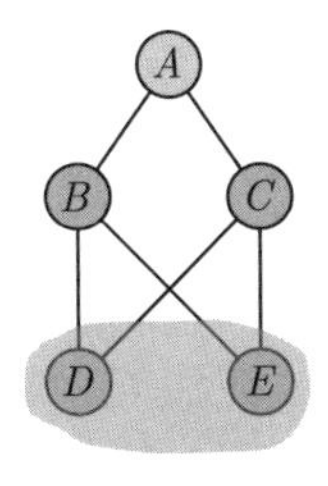

图 10.2　下界

10.2 格

在上一节中，我们已经看到，在偏序集的一般情况中，不能期望并（join）和交（meet）总是存在。因此，需要更具体的次序结构。

定义 10.5 (格) 格 L 是一个偏序集，其中每对元素都有一个最小上界和一个最大下界。当偏序集的每一个子集都存在交和并时，一个格称为完备格[①]。

如果 L 是一个格，则 $\wedge$ 和 $\vee$ 是 L 上的二元运算，我们有一个代数结构 $< L, \wedge, \vee >$，对 $a, b, c \in L$，$\wedge$ 和 $\vee$ 满足以下所有条件：

(1) $a \vee (b \vee c) = (a \vee b) \vee c$, $a \wedge (b \wedge c) = (a \wedge b) \wedge c$（结合律）；

(2) $a \vee b = b \vee a$, $a \wedge b = b \wedge a$（交换律）；

(3) $a \vee a = a$, $a \wedge a = a$（同一律）；

(4) $a \vee (a \wedge b) = a$, $a \wedge (a \vee b) = a$（吸收律）。

满足条件 (1) 到 (4) 的两个二元运算的任意集合 L 是一个格。我们看到，一个“格”可以被看作一个次序结构或代数结构。许多理论，例如布尔代数，十分依赖于格的代数性质。

次序关系 $\leqslant$ 和 $\wedge$ 与 $\vee$ 的代数运算之间有下述关系：设 L 为格，且设 x 和 y 为 L 的元素。则 $x \leqslant y$ 相当于 $x \wedge y = x$ 且 $x \vee y = y$。

可以证明每个有限格都是完备的。这是一个重要的结论，因为这意味着每当我们有一个有限元素数的格时，我们总能找到该格每个子集的最小上界和最大下界。

例 10.6 每条链都是一个格，其中 $x \vee y = \max\{x, y\}$ 且 $x \wedge y = \min\{x, y\}$。因此，自然数、整数、有理数和实数都是按其通常顺序排列的格。它们都不是完备的格。为了证明这一点，我们取这些集合中的任何一个，并确定集合本身的上确界。由于这些集合中没有最大数，因此上界集合为空，并且不存在上确界。

例 10.7 任何集合 X 的幂集 $\wp(X)$ 都是一个完备的格，其中交和并分别定义为 $\wedge\{A_i \mid i \in I\} = \bigcap_{i \in I} A_i$ 和 $\vee\{A_i \mid i \in I\} = \bigcup_{i \in I} A_i$。

如果子集 $S \in \wp(X)$ 在有限并集和交集下是闭合的，则称之为集合格。如果它在任意并集和交集下是闭合的，则称为完备集合格。然后我们将交和并定义为集交集和集并集。

---

① 请注意，格与完备格的区别在于每对元素（格）或元素的每个子集（完备格）都存在交和并。

如果 L 是一个完备的格，则对于任意的 $S,T \subseteq L$，均满足以下情况：

(1) $\forall s \in S$，有 $s \leqslant \vee S$ 和 $s \geqslant \wedge S$。

(2) 若 $x \in L$，则 $x \leqslant \wedge S$，当且仅当对所有 $s \in S$，有 $x \leqslant s$。

(3) 若 $x \in L$，则 $x \geqslant \vee S$，当且仅当对所有 $s \in S$，有 $x \geqslant s$。

(4) $\vee S \leqslant \wedge T$，当且仅当对所有 $s \in S$ 和 $t \in T$，有 $s \leqslant t$。

(5) 如果 $S \subseteq T$，则 $\vee S \leqslant \vee T$ 且 $\wedge S \geqslant \wedge T$。

(6) $\vee(S \cup T) = (\vee S) \vee (\vee T)$ 和 $\wedge(S \cup T) = (\wedge S) \wedge (\wedge T)$。

10.3 正规完备

并不是每个偏序集都是格，因为不是所有偏序集的子集都有最大下界和最小上界。例如，图 10.2 中的子集 $\{B,C\}$ 没有最大下界。然而，向偏序集添加元素以创建格是可能的。事实上，这对于所有偏序集都是可能的。

更有趣的是找到最小数量的元素来添加到偏序集以创建格。换句话说，我们要建立偏序集的最小包含格。这样做的方法称为正规完备（normal completion）。

为了定义正规完备，我们需要引入闭包算子的概念，其定义如下：

定义 10.6 (闭包) 令 X 为一个集合。映射 $C : \wp(X) \to \wp(X)$ 称为 X 上的闭包运算符，如果对所有 $A,B \subseteq X$，有

(1) $A \subseteq C(A)$，

(2) 如果 $A \subseteq B$，则 $C(A) \subseteq C(B)$，

(3) $C(C(A)) = C(A)$，

并且对于 X 的子集 A，如果 $C(A) = A$，则 A 被称为闭的（closed）。

下面的定理总结了关于偏序集正规完备的重要事实。它甚至展示了一个建立正规完备格的过程。

设 P 为偏序集，$(A^*)_*$ 是偏序集 P 的子集 A 上界的下界集，则

(1) $C(A) = (A^*)_*$ 在 P 上定义了闭包运算符。

(2) 当通过包含排序时，族 $\mathrm{DM}(P) = \{A \subseteq P \mid (A^*)_* = A\}$ 是一个完备格（Dedekind-MacNeille 完备，或正规完备，或 P 的割完备），其中 $\wedge\{A_i \mid i \in I\} = \bigcap_{i \in I} A_i$ 且 $\vee\{A_i \mid i \in I\} = C\left(\bigcup_{i \in I} A_i\right)$。

(3) 由 $\varphi(x) = (x^*)_*$ 定义的映射 $\varphi : P \to \mathrm{DM}(P)$，对所有 $x \in P$ 是一个次序嵌入，即它是保序的内射映射。事实上，φ 可以定义为 $\varphi(x) = x_* = \{y \in P \mid y \leqslant x\}$，因为对所有 $x \in P$，有 $(x^*)_* = x$。$\mathrm{DM}(P)$ 是 P 通过 φ 的一个完

备，并且保留 P 中存在的所有最大下界和最小上界。这意味着，如果 $A \subseteq P$ 并且 $\vee A$ 存在于 P 中，则 $\varphi(\vee A) = \vee\varphi(A)$，且 $\varphi(\wedge A) = \wedge\varphi(A)$。

(4) $\mathrm{DM}(P)$ 是在 P 中可以嵌入的最小的格，如果 L 是任何其他格，那么 $P \subseteq L$，有 $P \subseteq \mathrm{DM}(P) \subseteq L$。

计算正规完备必须考虑偏序集 P 的所有子集。在实际应用中，这是相当低效的，因为每个有 n 个元素的集合都有 2^n 个子集。

上述定理有一个简单的推论，它给出了正规完备格的两个重要性质：

(1) 如果 L 是格，那么 $L = \mathrm{DM}(L)$。

(2) 对于所有的偏序集 P，有 $\mathrm{DM}(P) = \mathrm{DM}(\mathrm{DM}(P))$。

首先，推论告诉我们，无论何时，只要偏序集是一个格，正规完备就不会向格中添加任何内容，它使格保持不变。其次，从闭包算子的幂等性可以看出，多次使用完备不会增加添加到完备格中的元素数，即对于 n 个元素的偏序集，正规完备格中的元素数为 2^n。

10.3.1 特异元

设偏序集 P 和偏序集的子集 S。我们定义了子集 S 的上界和下界。所有上界的集合表示为 S^*，所有下界的集合表示为 S_*。对于正规完备格，我们需要为 P 的所有子集识别所有 $(S^*)_*$。

如果在 P 中存在一个最大元素，则称之为顶部元素，并将其写作 $\top$；若存在一个最小元素，则称之为底部元素，并将其写作 $\bot$。

有两种情形需要特别注意：$S = P$ 的情形和 $S = \varnothing$ 的情形。

首先是 $S = P$ 的情形。如果 P 有顶部元素，则 $P^* = \{\top\}$ 且 $\sup P = \top$。当 P 没有顶部元素时，则 $P^* = \varnothing$ 且 P 没有上确界。通过对偶性可知，如果 P 存在底部元素，那么 $P_* = \{\bot\}$ 且 $\inf P = \bot$。如果 P 没有底部元素，则 $P_* = \varnothing$ 且 P 没有下确界。

其次是 $S = \varnothing$ 的情形，即 S 是 P 的空子集。对于所有 $s \in S$ 和每一个元素 $x \in P$，显然有 $s \leqslant x$。因此 $\varnothing^* = P$ 和 $\sup P$ 存在，当且仅当 P 有一个底部元素，即有 $\sup P = \bot$。同样地，$\varnothing_* = P$（因为对所有 $s \in S = \varnothing$ 和每一个元素 $x \in P$，显然有 $s \geqslant x$），且只要 P 有顶部元素，就有 $\inf P = \top$。表 10.1 总结了这些情况。

表 10.1 正规完备中的特殊元素和闭合运算符

子集	S^*		S_*	
	存在顶部元素	无顶部元素	存在底部元素	无底部元素
P	$\{\top\}$	$\varnothing$	$\{\bot\}$	$\varnothing$
$\varnothing$	P	P	P	P

从表 10.1 中，我们可以得出以下集合：

$$(P^*)_* = P$$

$$(\varnothing^*)_* = \begin{cases} \{\bot\}, & \text{如果 } P \text{ 有一个底部元素} \\ \varnothing, & \text{否则} \end{cases}$$

10.3.2 正规完备算法

完备算法如下：

(1) 正规确定偏序集 P 的所有子集，即幂集 $\wp(P)$。

(2) 对于每个子集 $S \in \wp(P)$，确定 $(S^*)_*$。

(3) 将所有 $(S^*)_*$ 排列到偏序集，其中 $\subseteq$（子集）是次序关系。

(4) 识别原始偏序集的每个元素 $a \in P$ 及其在新偏序集中的对应元素 $(a^*)_*$。

(5) 新偏序集的其余元素分配合适的符号。

(6) 由此产生的偏序集是 P 的正规完备格。

为了说明上述算法的实现过程，我们使用图 10.1 中的偏序集，并根据该算法构建正规完备格。首先，我们确定偏序集 $\{A, B, C, D, E\}$ 的所有子集，共 32 组。对于每个子集 S，计算 $(S^*)_*$。结果见表 10.2。

结果集为 $\{A, B, C, D, E\}, \{B, D, E\}, \{C, D, E\}, \{D, E\}, \{D\}, \{E\}$ 和 $\varnothing$。根据子集关系将它们排列在偏序集中，可得到正规完备格（图 10.3）[①]。

最后，我们用它们对应的格元素识别原始偏序集元素，并用 X 和 $\{\,\}$ 表示新创建的元素。图 10.4 显示了偏序集的正规完备。我们可以看到两个新元素被添加到偏序集以形成一个格。

新格元素可以用图 10.5 所示的几何方式进行解释。元素 X 可以解释为 B 和 C 的交点。

① 请注意，我们可以使用 $\{\,\}$ 或 $\varnothing$ 来表示空集。

表 10.2 正规完备

序号	S	S^*	$(S^*)_*$
(1)	$\varnothing$	$\{A,B,C,D,E\}$	$\varnothing$
(2)	$\{A\}$	$\{A\}$	$\{A,B,C,D,E\}$
(3)	$\{B\}$	$\{A,B\}$	$\{B,D,E\}$
(4)	$\{C\}$	$\{A,C\}$	$\{C,D,E\}$
(5)	$\{D\}$	$\{A,B,C,D\}$	$\{D\}$
(6)	$\{E\}$	$\{A,B,C,E\}$	$\{E\}$
(7)	$\{A,B\}$	$\{A\}$	$\{A,B,C,D,E\}$
(8)	$\{A,C\}$	$\{A\}$	$\{A,B,C,D,E\}$
(9)	$\{A,D\}$	$\{A\}$	$\{A,B,C,D,E\}$
(10)	$\{A,E\}$	$\{A\}$	$\{A,B,C,D,E\}$
(11)	$\{B,C\}$	$\{A\}$	$\{A,B,C,D,E\}$
(12)	$\{B,D\}$	$\{A,B\}$	$\{B,D,E\}$
(13)	$\{B,E\}$	$\{A,B\}$	$\{B,D,E\}$
(14)	$\{C,D\}$	$\{A,C\}$	$\{C,D,E\}$
(15)	$\{C,E\}$	$\{A,C\}$	$\{C,D,E\}$
(16)	$\{D,E\}$	$\{A,B,C\}$	$\{D,E\}$
(17)	$\{A,B,C\}$	$\{A\}$	$\{A,B,C,D,E\}$
(18)	$\{A,B,D\}$	$\{A\}$	$\{A,B,C,D,E\}$
(19)	$\{A,B,E\}$	$\{A\}$	$\{A,B,C,D,E\}$
(20)	$\{A,C,D\}$	$\{A\}$	$\{A,B,C,D,E\}$
(21)	$\{A,C,E\}$	$\{A\}$	$\{A,B,C,D,E\}$
(22)	$\{A,D,E\}$	$\{A\}$	$\{A,B,C,D,E\}$
(23)	$\{B,C,D\}$	$\{A\}$	$\{A,B,C,D,E\}$
(24)	$\{B,C,E\}$	$\{A\}$	$\{A,B,C,D,E\}$
(25)	$\{B,D,E\}$	$\{A,B\}$	$\{B,D,E\}$
(26)	$\{C,D,E\}$	$\{A,C\}$	$\{C,D,E\}$
(27)	$\{A,B,C,D\}$	$\{A\}$	$\{A,B,C,D,E\}$
(28)	$\{A,B,C,E\}$	$\{A\}$	$\{A,B,C,D,E\}$
(29)	$\{A,B,D,E\}$	$\{A\}$	$\{A,B,C,D,E\}$
(30)	$\{A,C,D,E\}$	$\{A\}$	$\{A,B,C,D,E\}$
(31)	$\{B,C,D,E\}$	$\{A\}$	$\{A,B,C,D,E\}$
(32)	$\{A,B,C,D,E\}$	$\{A\}$	$\{A,B,C,D,E\}$

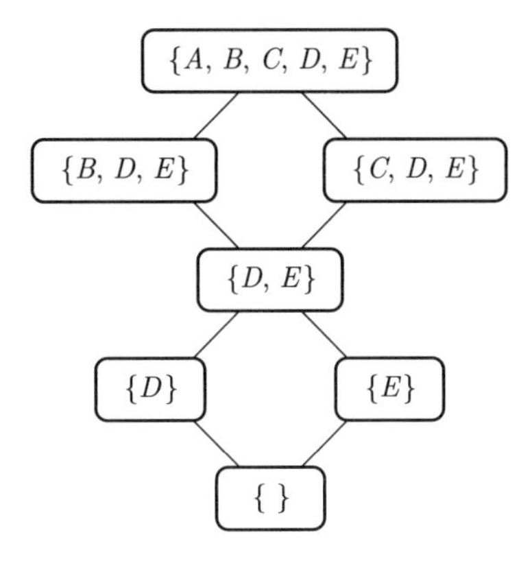

图 10.3 正规完备格

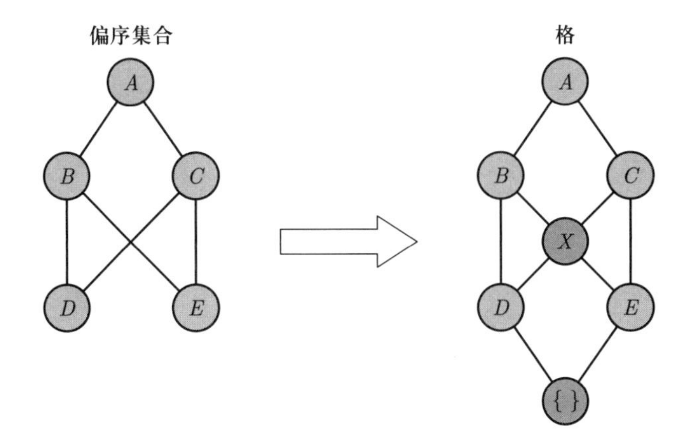

图 10.4 正规完备

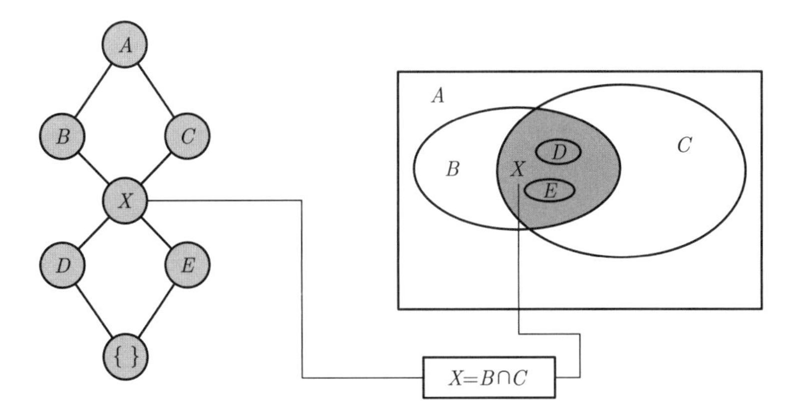

图 10.5 新格元素的几何解释

10.4 在 GIS 中的应用

“被包含在”或“包含”的次序关系可用于多边形、直线和点等空间要素之间的关系的描述上。偏序集的结构既包含严格的层次结构（每个对象正好有一个父对象），也包含一个对象拥有多个父对象的继承关系。

美国行政区划的划分等级是层次结构的典型案例，例如每个县正好属于一个州，而每个州正好属于一个国家。一般偏序集可用于表示一个对象属于多个父对象的情况，如农业生产区可能是几个自治市的一部分，或由几个不相连的多边形（如某群岛）组成的地区。

10.5 习　　题

习题 10.1　从图 10.1 中的偏序集确定 $\{D\}$，$\{D,C\}$，$\{A\}$ 各自的上界。

习题 10.2　从图 10.1 中的偏序集确定 $\{B,D\}$，$\{A\}$，$\{A,B,C\}$ 各自的最大下界。

习题 10.3　以下给出四个区域 A、B、C 和 D 的关系：C 包含在 A 中，D 包含在 B 中。绘制四个区域的偏序集，计算并绘制正规完备格。

第 11 章

图　　论

图论的起源在于研究由一组点及其之间的连接关系所给出的拓扑问题。现今，图论本身就是数学的一个学科分支，它处理的问题可以用顶点和连接边的集合来表达。

本章介绍图的基本原理、表示方法和遍历方法。

11.1 图的介绍

一般来说，图论起源于瑞士数学家莱昂哈德 • 欧拉（Leonhard Euler）的研究，他于 1736 年发表了一篇论文，题目是现在为人所熟知的柯尼斯堡七桥问题。图 11.1 显示了七座桥跨越普列弋利亚河的草图。研究问题是为了确定是否有可能从河岸开始，完成在该区域的环行，且刚好每座桥只穿越一次。

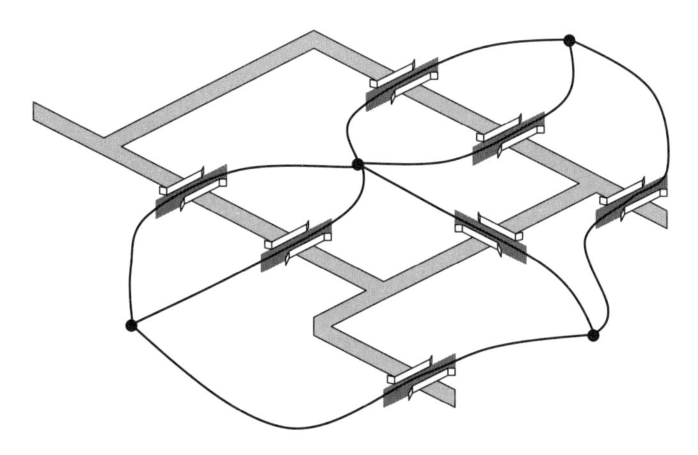

图 11.1　普列弋利亚河上的七座桥

欧拉通过将岛屿和河岸抽象为点，并用连接这些点的线来表示桥梁，从而解决了这个问题。在图 11.1 中，它们由点和连接线表示。

图 11.2 以一种简图方式显示了这些点（顶点）和线（边），顶点编号为 v_1 至 v_4，边编号为 e_1 至 e_7。我们将这种简图构造称为图。从任意一个顶点开始，经过一些尝试后，我们发现这样的环形是不可能存在的[①]。

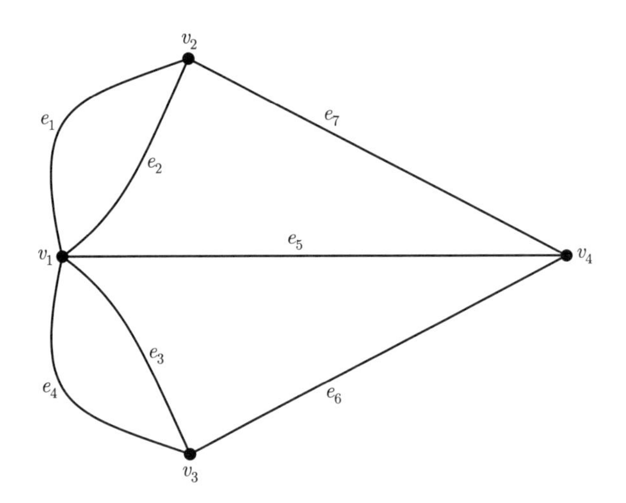

图 11.2 柯尼斯堡七桥问题的图

11.1.1 基本概念

定义 11.1 (图) 给定一个非空集 $V=\{v_1,v_2,\cdots,v_n\}$ 表示顶点集，$E=\{e_1,e_2,\cdots,e_m\}$ 表示边集，函数 $g:E\rightarrow V\times V$ 表示关联矩阵，关联矩阵把 G 中每个元素分配给 V 中元素的元素对 (v_i,v_j)。我们称三元组 $G=(V,E,g)$ 为图。

V 的元素称为点（或顶点），E 的元素称为边。对于边 $e=(v_i,v_j)$，顶点 v_i 和顶点 v_j 称为 e 的端点；我们说 e 是由 v_i 和 v_j 产生的，v_i 和 v_j 相邻。如果 $g(e)=(v,v)$，则称 e 是一个环。如果 $g\left(e_i\right)=g\left(e_j\right)$，我们称 e_i 与 e_j 为平行边。

我们在本章只讨论有限图，即顶点和边的数量都是有限的。一般情况下（当不会出现混淆时），我们使用 $G=(V,E)$ 来简要表示一个图。

例 11.1 图 11.2 中柯尼斯堡七桥问题的图可以写成 $G=(V,E,g)$，包括顶点集 $V=\{v_1,v_2,v_3,v_4\}$、边集 $E=\{e_1,e_2,e_3,e_4,e_5,e_6,e_7\}$ 和关联矩阵，定义

① 我们将在后面看到该问题是在图中找到一个欧拉回路，并且有一个定理说明这种回路何时存在。

为 $g(e_1)=(v_1,v_2)$, $g(e_2)=(v_1,v_2)$, $g(e_3)=(v_1,v_3)$, $g(e_4)=(v_1,v_3)$, $g(e_5)=(v_1,v_4)$, $g(e_6)=(v_3,v_4)$, $g(e_7)=(v_2,v_4)$。边 e_1 和 e_2 是平行的，e_3 和 e_4 是平行的。该图不包含环。

没有环和平行边的图称为简单图。具有环和平行边的图有时称为多重图。与顶点 v 关联的边数称为顶点 v 的度，并写为 $d(v)$。$d(v)=0$ 的顶点称为孤立点。

例 11.2 在示例 11.1 中，顶点 v_1 的度为 5，顶点 v_2, v_3 和 v_4 的度为 3。

如果每对不同的顶点都存在一条边相连，则称为完全图。n 个顶点的完全图用 K_n 表示。如果每个顶点的度相同，则称为正则图。如果度是 k，那么图是 k-正则图。完全图 K_n 是 $(n-1)$-正则图，即完全图中的每个顶点都有 $n-1$ 个度。图 11.3 展示了一些完全图。

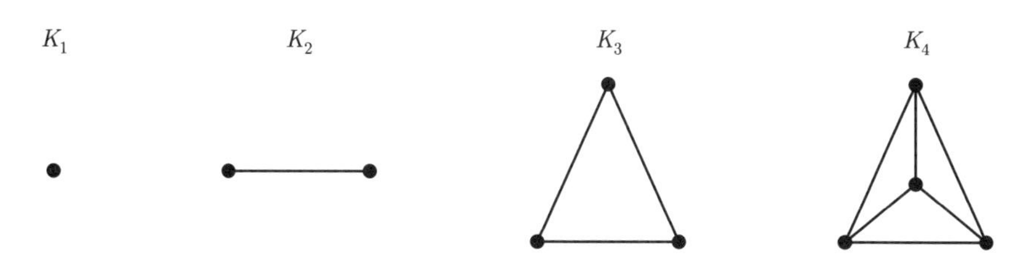

图 11.3 完全图

如果存在保持关联关系的双射映射 $i: V_1 \to V_2$，则两个图 $G_1=(V_1,E_1)$ 和 $G_2=(V_2,E_2)$ 是同构的，即当 $v_1, v_2 \in V_1$，$(v_1,v_2) \in E_1$ 意味着 $i(v_1,v_2) \in E_2$。同构图具有相同的结构，尽管它们的可视化结果可能会大不相同。图 11.4 显示了两个同构图。

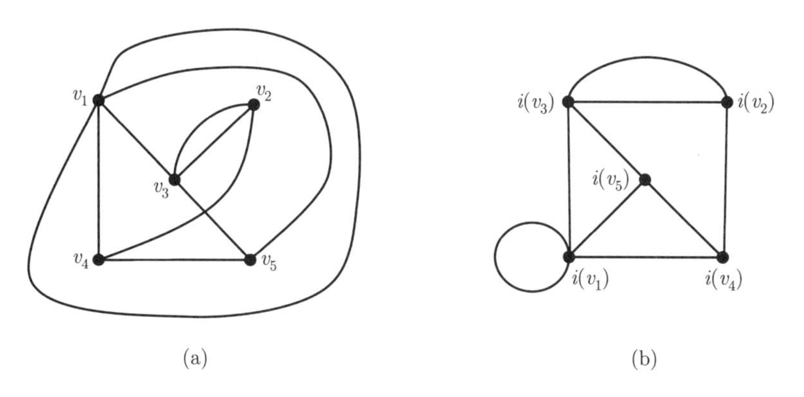

图 11.4 同构图

如果从一个图 G 中删除一些边或顶点，我们就得到一个子图 $S \subseteq G$。删除顶点意味着也必须删除与其关联的所有边。但是，如果我们删除一条边，顶点保留，就可能产生一些孤立点。令 $V' \subseteq V$，则顶点属于 V'，且边的两个端点也属于 V' 的子集称为由 V' 导出的子图。

11.1.2 路径、回路、连通度

许多应用程序都需要遍历图，有时还需要以特定的方式进行遍历。从 v_1 到 v_n 的路径是一系列交替的顶点和边 $P = v_1, e_1, v_2, e_2, \cdots, e_{n-1}, v_n$，例如 $1 \leqslant i < n$，e_i 与 v_i 和 v_{i+1} 关联。对于简单图，只列出路径中的顶点就足够了。如果是 $v_1 = v_n$，则该路径称为环或回路。如果每个顶点只访问一次，则路径称为简单路径。在一个简单回路中，每个顶点只出现一次，除了 $v_1 = v_n$。路径或回路的长度等于其包含的边数。

例 11.3 在图 11.2 的图中，$P = v_1, e_1, v_2, e_7, v_4$ 是一条从 v_1 到 v_4 的简单路径。$C = v_4, e_5, v_1, e_4, v_3, e_3, v_1, e_5, v_4$ 是回路。注意，这不是一个简单回路，因为顶点 v_1 被访问了两次。

当给图的每条边分配一个数字（权重）时，该图称为加权图。在许多应用中，这样的权重用于表示边的长度，如距离或行程时间，但不能与上面定义的路径长度混淆。

如果存在从 v_i 到 v_j 的路径，则两个顶点 v_i 和 v_j 是连通的。每个顶点都与其自身连通。由一组连通的顶点组成的子图称为图的一个分量。只有一个分量的图是连通的，否则是不连通的。如果删除顶点 v 会导致图的不连通，则称 v 为关节点。块是没有任何关节点的图。如果删除边 e 会导致图的不连通，则此条边被称为割边。

图 11.5 显示了连通图和非连通图的示例。图 H 有两个分量。顶点 $v_1, v_2 \in G$ 是关节点；$e_1 \in G$ 是一条割边。

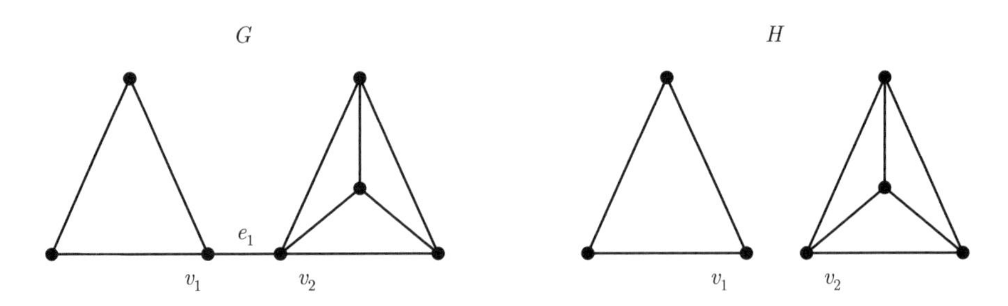

图 11.5 连接 (G) 和断开 (H) 图

11.2 重要的几类图

11.2.1 有向图

如果为每条边指定一个顶点作为起点，该图将成为一个有向图（digraph）。我们绘制有向图的边，用箭头指示它们的方向。没有环的有向图称为有向无环图（directed acyclic graph, DAG）。有向无环图在偏序集的表示中起着重要的作用。有向图用于表示运输或流动问题。图 11.6 显示了两个有向图，其中图 G 中包含一个环，图 H 是一个有向无环图。

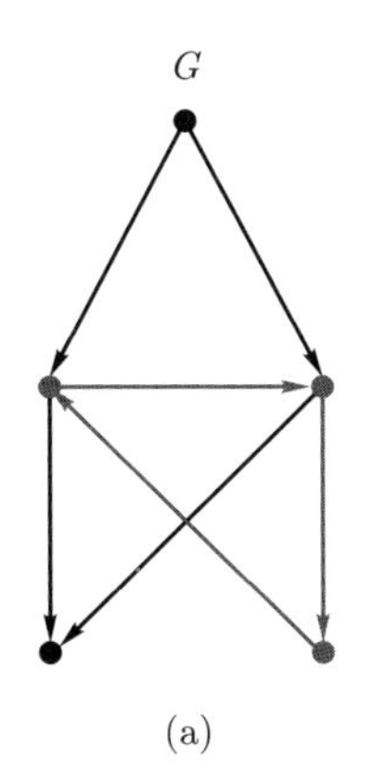

(a)

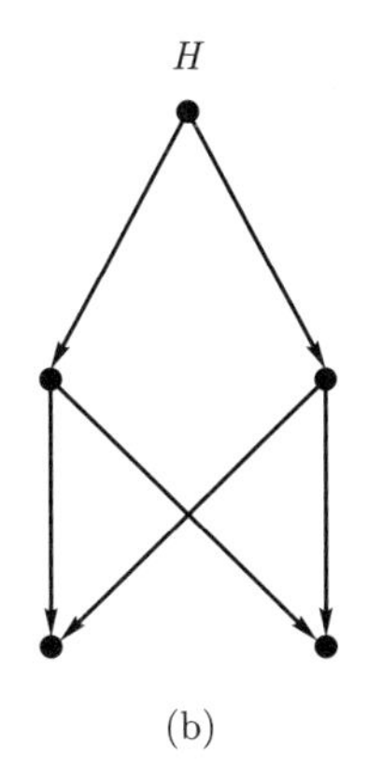

(b)

图 11.6 有向图

在有向图中，边 (v_i, v_j) 是由 v_i 和 v_j 关联的。从顶点 v 入射的边数称为出度 $d^+(v)$，入射到顶点 v 的边数称为入度 $d^-(v)$。如果每一条边 (v_i, v_j) 也都有对应的一条边 (v_j, v_i)，则有向图是对称的。如果每个顶点的出度等于入度，则有向图是平衡的，即 $d^+(v) = d^-(v)$。

11.2.2 平面图

平面图是一类重要的图。如果图可以绘制在平面上而没有相交的边，那么它就是平面图[①]。这表示将平面划分为多个连通区域（或面），这些面由图形的边限定。若一个面包围图，则此面通常称为外部面。

① 这类图在 GIS 二维空间数据集的构造中起着重要作用。

在实际绘图平面上的平面图对应于二维胞腔复形，其中顶点对应于 0 – 胞腔，边对应于 1 – 胞腔，面对应于 2 – 胞腔。显然，这不能扩展到更高的维度。

图 11.7 显示了一个平面图。此图有四个顶点 $V = \{v_1, v_2, v_3, v_4\}$、六条边 $E = \{e_1, e_2, e_3, e_4, e_5, e_6\}$ 和四个面 $F = \{f_1, f_2, f_3, f_4\}$。面 f_4 是外部面。

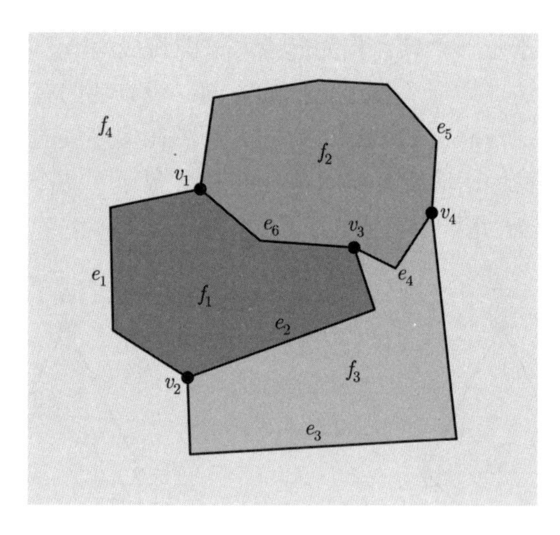

图 11.7 平面图

欧拉公式将顶点、边和面的数量联系起来。它表明，对于每个具有 n 个顶点、e 条边和 f 个面的连通平面图，都有

$$n - e + f = 2$$

如果不计算外部面，公式将更改为

$$n - e + f = 1$$

例 11.4 对于图 11.7 中的平面图，我们有四个顶点、六条边和四个面，则依据公式存在关系 $4 - 6 + 4 = 2$。

对于每一个平面图 G，我们可以构造一个顶点为 G 中区域的图 G^*；边表示面的邻接，即如果 G 的两个对应面相邻，则有一条边连接 G^* 的两个顶点。绘制的边与 G 中面的边界边相交，这样的图称为对偶图，同时它也是平面图。图 11.8 显示了图 11.7 中的图的平面对偶图。

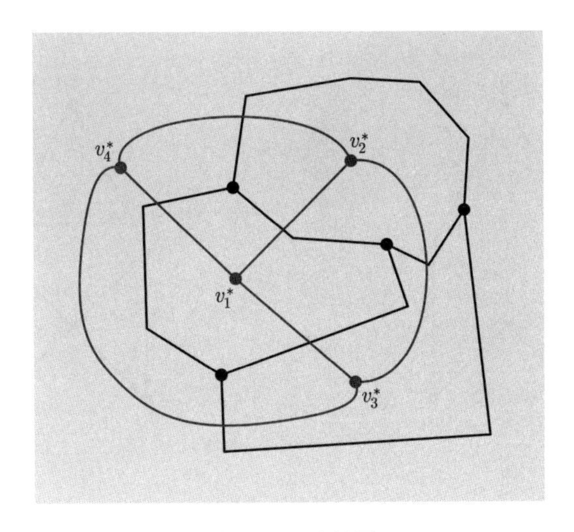

图 11.8 对偶图

11.3 图的表达

出于很多计算的目的，我们需要高效的数据结构和算法来表示和遍历图。最熟知的表达图的结构是邻接矩阵和邻接表。

给定具有 n 个顶点的图 $G=(V,E)$，邻接矩阵是一个 $n\times n$ 矩阵 $\boldsymbol{A}$，如下所示：

$$\boldsymbol{A}(i,j)=\begin{cases}1, & \text{若} i,j\in E\\ 0, & \text{其他}\end{cases}$$

对于无向图，有 $\boldsymbol{A}(i,j)=\boldsymbol{A}(j,i)$，而有向图的矩阵 $\boldsymbol{A}$ 通常是不对称的。图 11.9 显示了一个无向图 G_1 和一个有向图 G_2。

如果将列和行从 v_1 到 v_5 排序，则 G_1 和 G_2 的邻接矩阵为

$$\boldsymbol{A}(G_1)=\begin{pmatrix}0&1&1&0&0\\1&0&0&1&1\\1&0&0&1&1\\0&1&1&0&0\\0&1&1&0&0\end{pmatrix}\quad \boldsymbol{A}(G_2)=\begin{pmatrix}0&1&1&0&0\\0&0&0&1&1\\0&0&0&1&1\\0&0&0&0&0\\0&0&0&0&0\end{pmatrix}$$

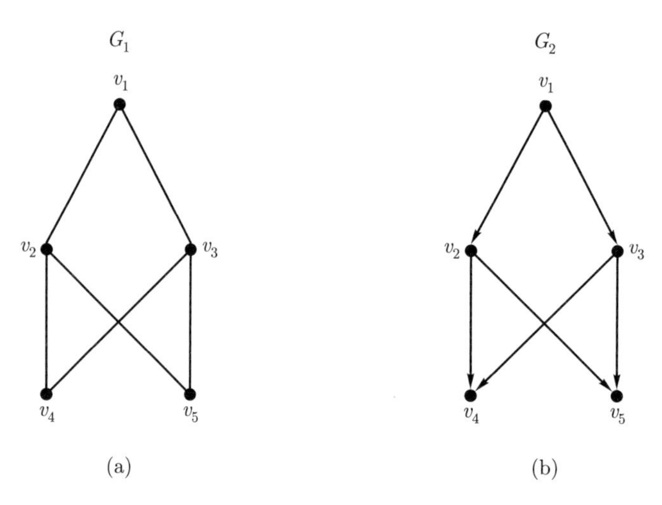

图 11.9 无向图和有向图

邻接表 L 表示每个顶点与其相邻的顶点。图 11.9 中图的邻接表为

$$L(G_1):\left[\begin{array}{ll} v_1: & v_2,v_3 \\ v_2: & v_1,v_4,v_5 \\ v_3: & v_1,v_4,v_5 \\ v_4: & v_2,v_3 \\ v_5: & v_2,v_3 \end{array}\right. \quad L(G_2):\left[\begin{array}{ll} v_1: & v_2,v_3 \\ v_2: & v_4,v_5 \\ v_3: & v_4,v_5 \\ v_4: & - \\ v_5: & - \end{array}\right.$$

很容易看出，邻接矩阵的存储需求通常高于邻接表。

有向无环图通常能够更方便地表示图中的传递关系。这意味着，如果我们有 $(v_i,v_j)\in E$ 和 $(v_j,v_k)\in E$，则我们也会在矩阵或列表中表示关系 (v_i,v_k)。这些关系被简易地包含着，称为图的传递闭包。对于图 11.9 中的有向无环图 G_2，传递闭包表示为

$$\boldsymbol{A}(G_2)=\begin{pmatrix} 1 & 1 & 1 & 1 & 1 \\ 0 & 1 & 0 & 1 & 1 \\ 0 & 0 & 1 & 1 & 1 \\ 0 & 0 & 0 & 1 & 0 \\ 0 & 0 & 0 & 0 & 1 \end{pmatrix} \quad L(G_2):\left[\begin{array}{ll} v_1: & v_2,v_3,v_4,v_5 \\ v_2: & v_4,v_5 \\ v_3: & v_4,v_5 \\ v_4: & - \\ v_5: & - \end{array}\right.$$

基于图的矩阵或列表示，可以制定有效的算法来遍历图。遍历意味着从给定的起点访问图的所有其他顶点。最著名的图遍历算法之一是深度优先搜索（depth-first-search, DFS）。其工作方式如下：

(1) 从给定顶点开始访问尚未访问的相邻顶点。

(2) 如果找不到这样的顶点，则返回之前访问的顶点，并重复第 (1) 步。

11.4 欧拉和曼哈顿环游，最短路径问题

如上所述，我们通常希望以特定的方式遍历图。当我们不区分路径和环时，我们将讨论图的环游。

图中每一条边只经过一次的遍历称为欧拉环游。图中每一个顶点只访问一次的遍历称为曼哈顿环游。最短路径问题是关于在图中两个给定顶点之间寻找最短路径的求解过程。

11.4.1 欧拉图

欧拉图是包含欧拉回路的无向图或有向图。对于无向图和有向图，可以证明以下陈述：

- 一个无向图包含欧拉回路当且仅当它是连通的且奇数度的顶点数为 0。
- 一个无向图包含欧拉路径当且仅当它是连通的且奇数度的顶点数为 2（用 v_1 和 v_2 表示）。
- 一个有向图包含欧拉回路当且仅当它是连通且平衡的。
- 一个有向图包含欧拉路径当且仅当它是连通的并且顶点的入度和出度满足：

$$d^+(v) = d^-(v)\ (v \neq v_1 \text{且} v \neq v_2)$$
$$d^+(v_1) = d^-(v_1) + 1$$
$$d^-(v_2) = d^+(v_2) + 1$$

例 11.5 当我们回忆起柯尼斯堡七桥问题时，我们看到该问题是在图 11.2 的图中是否存在欧拉回路。该图是连通的，然而有四个顶点的度为奇数。因此，这个问题无法解决。

例 11.6 图论中一个著名的问题是中国邮递员问题。简单地说，这个问题描述的是一个投递邮件的邮递员的路线选择。为了提高效率，他的问题在于，从邮局开始，是否能够遍历镇上的街道网络，并且在返回出发点之前，走过每条街道，且每条街道只走一次。从图论的角度来看，这个问题等价于我们检查街道网络图中是否存在欧拉回路。

11.4.2 曼哈顿环游

如果一个图包含一个曼哈顿回路，则称为曼哈顿图。与欧拉图不同，我们没有一种简单的方法来确定一个图是否是曼哈顿图。所有已知的寻找曼哈顿环游的算法要么效率低下，要么只能通过近似求解来解决问题。

例 11.7 曼哈顿环游问题的推广是旅行商问题。问题可以表述如下：给定一系列城市以及从一个城市到另一个城市的旅行成本，访问每个城市然后返回起点城市的最低成本的往返行程是什么？城市是加权图的顶点。没有高效的算法来解决这个问题。然而，存在良好的近似算法。

11.4.3 最短路径问题

最短路径问题可以表述如下。给出一个加权图 $f: E \to \mathbb{R}$，它为两个顶点 v_1 和 v_2 的边指定了权重。找到一条从 v_1 到 v_2 的路径 P，使该路径 P 在所有由边 $e \in P$ 构成的路径 $\sum_{e\in P} f(e)$ 中是最小的。

例 11.8 求解非负加权连通有向图最短路径问题的一个著名算法是迪杰斯特拉（Dijkstra）算法，该算法以荷兰计算机科学家 Edsger W. Dijkstra 命名。

11.5 在 GIS 中的应用

从早期开始，图在 GIS 中就发挥了重要作用。其原因是在 GIS 的早期发展中，地图数据（或制图数据）的存储是人们关注的焦点。用于表示空间数据（主要是二维）的数据结构几乎完全基于平面图。

最著名的例子之一是美国人口普查局的 GBF/DIME（地理基础文件/双重独立地图编码文件）。这种档案结构用于进行 1970 年的人口普查。美国地质调查局开发了 DLG（数字线图）文件格式，用于存储和传输地形基础数据。

在数据建模方面，平面图被广泛用于表示二维空间数据。拓扑图是一种重要的有效表示方式。拓扑图与嵌入其中的平面图同构。顶点通常称为节点，边称为弧，面称为多边形。这种拓扑图与二维胞腔复形是同种的。由节点（顶点）和弧（边）组成的网络可以视为图或一维胞腔复形。因此，平面图或胞腔复形可以互换使用，只要不超出二维空间。对于三维空间，我们需要转而使用拓扑学来解决问题。除了空间要素的表示外，图在网络的表示和分析中也起着重要的作用。

定义 11.2 (**网络**) 网络是一个有限的连通有向图，其中 $d^+(x)>0$ 的顶点 x 是网络的源，$d^-(y)>0$ 的顶点 y 是网络的汇。

GIS 的网络分析功能提供了从点 A 到点 B 的最短路径、分配分析、追踪网络路径以及位置分配分析等一系列基于图结构的工具。

11.6 习　　题

习题 11.1 绘制 K_5。

习题 11.2 使用欧拉公式说明习题 9.1 的图的空间结构是平面图。

第 12 章

模糊逻辑与 GIS

很多现象都表现出一定程度的模糊性或不确定性，这些模糊性或不确定性不能用明确的类边界清晰的集合来恰当表达。空间要素通常没有明确定义的边界，“陡峭”“接近”或“合适”等概念可以用模糊集的隶属度更好地表示，而不是用二元分类进行明确表达（例如“是”与“否”）。本章将介绍模糊逻辑的基本原理，模糊逻辑是一种数学理论，在各个领域有着广泛的应用，它可以应用于任何涉及模糊现象的场合。

12.1 模 糊 性

在人类的思维和语言中，我们经常使用不确定或模糊的概念进行表达。我们的思维和语言不是二元的（即黑或白、零或一、是或否）。在现实生活中，我们的判断和分类有了更多的变化。这些模糊或不确定的概念被称为模糊性（fuzzy）。在我们的日常生活中，模糊性几乎无处不在。

12.1.1 起源

当我们谈论高个子的人时，“高个子”的概念将取决于上下文。在一个人的平均身高为 160 厘米的社会中，人们会认为某人是高个子，而在平均身高为 180 厘米的人群中，这个“高个子”的论断未必成立。在土地覆盖分析中，我们无法描绘清晰的边界，如森林区域或草原。草原从哪里结束，森林从哪里开始？其边界是模糊的。

在实际应用中，我们可能会寻找一个合适的地点来建造房屋。我们正在寻找的场地的标准可以制定如下。该位置必须满足：

- 坡度适中；
- 方位好；
- 海拔中等；
- 靠近湖；
- 不靠近主路；
- 位置不在受限区域。

上面提到的所有条件（除受限区域外）都是模糊的，但与我们用语言和思维表达这些条件的方式相对应。使用传统方法，可将上述条件转换为清晰的类别，例如：

- 坡度小于 10 度；
- 坡向介于 135 度和 225 度之间，或者地形平坦；
- 海拔在 1500 米到 2000 米之间；
- 距离湖的直线距离在 1000 米内；
- 距离主干道 300 米范围内。

符合给定的标准的位置会被选中建造房屋，否则（即使它非常接近设定的阈值）不会在考虑范围之内。但是，如果标准具有一定灵活度的话，那么那些仅仅偏离标准几米的位置也是可以考虑的，这些点会获得较低的隶属度，但仍会被包括在最后的结果中。通常，我们将一个类的隶属度指定为介于 0 和 1 之间的值，其中 0 表示完全不适合，1 表示非常适合。一个类的隶属度的值可能为 0~1 的任意值。

12.1.2 模糊性与概率

隶属度作为介于 0 和 1 之间的值，看起来与概率非常相似，概率也是介于 0 和 1 之间的值。我们可能会认为模糊性和概率基本上是相同的。然而，它们有一个微妙但重要的区别。

概率告诉我们事件发生的可能性。它是否会发生，取决于概率。模糊性是指事物（或现象）属于某一类的程度。我们知道这种现象是存在的，然而我们不知道的是它的范围，即给定的成员属于这个类的合适程度。在接下来的章节中，我们将建立处理模糊概念的数学基础。

12.2 明确集和模糊集

在一般的集合论中，元素要么是集合的成员，要么不是集合的成员。我们可以用一个特征函数来表示这个事实，这个特征函数表示一个给定全集的元素属于这个全集的某个子集。我们称这样的一组集合为明确集。

定义 12.1 (特征函数) 令 A 为全集 X 的一个子集。X 的特征函数 χA 定义为 $\chi A : X \to \{0,1\}$，有

$$\chi A(x) = \begin{cases} 1, & \text{当且仅当 } x \in A \\ 0, & \text{当且仅当 } x \notin A \end{cases}$$

通过这种方式，我们总是可以清楚地指出一个元素是否属于一个集合。然而，如果允许某个元素是否属于某个集合存在一定程度的不确定性，则可以通过隶属函数来表示元素对集合的隶属度。

定义 12.2 (模糊集) 全集 X 的模糊集由隶属函数 μ_A 定义, 如 $\mu_A : X \to [0,1]$，其中 $\mu_A(x)$ 是 x 在 A 中的隶属度值。全集 X 总是明确集。

如果全集是有限集 $X = \{x_1, x_2, \cdots, x_n\}$，则 X 的模糊集 A 表示为 $A = \mu_A(x_1)/x_1 + \mu_A(x_2)/x_2 + \cdots + \mu_A(x_n)/x_n = \sum_{i=1}^{n} \mu_A(x_i)/x_i$, 项 $\mu_A(x_i)/x_i$ 表明，x_i 对模糊集 A 的隶属度。符号“/”被称为分隔符，“Σ”和“+”分别表示函数项之间的聚合与联系①。

如果全集是一个无限集 $X = \{x_1, x_2, \cdots\}$，则 X 的模糊集 A 表示为 $A = \int_X \mu_A(x)/x$。符号“$\int$”和“/”分别表示聚合符和分隔符。

空模糊集 $\varnothing$ 定义为 $\forall x \in X, \mu_\varnothing(x) = 0$。

对于全集 X 中的每一个元素有 $\forall x \in X, \mu_X(x) = 1$，也就是说，全集总是明确集。

隶属函数将模糊集合的隶属度（或隶属度值）分配给全集中的每个元素。此隶属度值必须介于 0（不隶属）和 1（完全隶属）之间。0 到 1 之间的所有其他值表示元素属于模糊集的程度。需要注意的是，对于模糊集中的元素，隶属度值并不一定为 1。

例 12.1 让我们选取三个人 A、B 和 C，他们各自的身高分别为 185 厘米（A）、165 厘米（B）和 186 厘米（C）。我们希望将不同的人分别分配给矮、平均、高的类。

① 请注意，符号“Σ”“+”和“$\int$”不能按其通常含义解释为总和、加法和积分。

如果我们采用一个清晰的分类，并将类边界设置为 (—,165] 表示矮类，(165,185] 表示平均类，以及 (185,—) 表示高类，我们会看到 A 属于平均类，B 属于矮类，C 属于高类。我们还看到 A 几乎和 C 一样高，但他们属于不同的类别。表 12.1 显示了三类的特征函数。

表 12.1 身高类别的特征函数

研究对象	矮	平均	高
A	0	1	0
B	1	0	0
C	0	0	1

当我们选择模糊集方法时，需要分别为三个类定义三个隶属函数（图 12.1）。

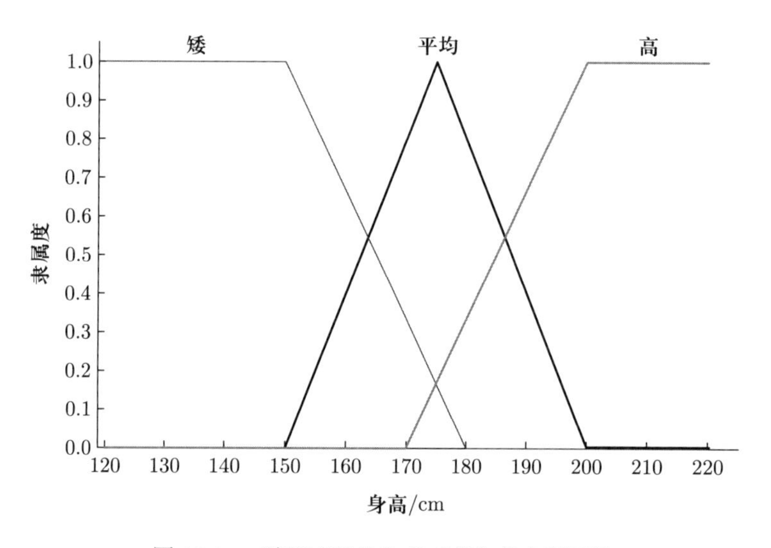

图 12.1 “矮”“平均”和“高”的隶属函数

简而言之，选择一个线性隶属函数，对于身高小于 150 厘米的人，矮类的隶属度值为 1，并在 180 厘米时递减至 0。

对于身高小于 150 厘米的人，平均类的隶属函数等于 0，然后增加，直到 175 厘米处达到 1。从 175 厘米开始，它逐渐减小，直到 200 厘米处达到 0。

高类的隶属函数在 170 厘米前为 0。从那开始逐渐增加，直到在 200 厘米处达到 1。表 12.2 给出了三个类别中三个人的隶属度值。

表 12.2 身高类别的隶属度

研究对象	矮	平均	高
A	0.00	0.60	0.50
B	0.50	0.60	0.00
C	0.00	0.56	0.53

使用模糊集方法，可以更好地表达这样一个事实，即 A 和 C 的高度几乎相同，并且它们对平均类的隶属度都高于对矮类或高类的隶属度。

12.3 隶属函数

为模糊集选择合适的隶属函数是模糊逻辑中最重要的任务之一。用户需要选择一个函数，该函数是对模糊概念建模的最佳表示形式。以下标准适用于所有隶属函数：

- 隶属函数必须是实值函数，其值介于 0 和 1 之间。
- 在集合的中心，对于那些肯定属于集合的成员，隶属度值应为 1。
- 隶属函数应该以适当的方式从中心向边界下降。
- 隶属度值为 0.5 的点（交叉点）应位于明确集的边界，即如果我们将应用明确分类，则类边界应由交叉点表示。

有两类隶属函数：线性隶属函数和正弦隶属函数。图 12.2 显示了线性隶属函数。此函数有四个参数，用于确定函数的形状。通过为 a,b,c 和 d 选择适当的值，我们可以创建 S 形、梯形、三角形和 L 形隶属函数。

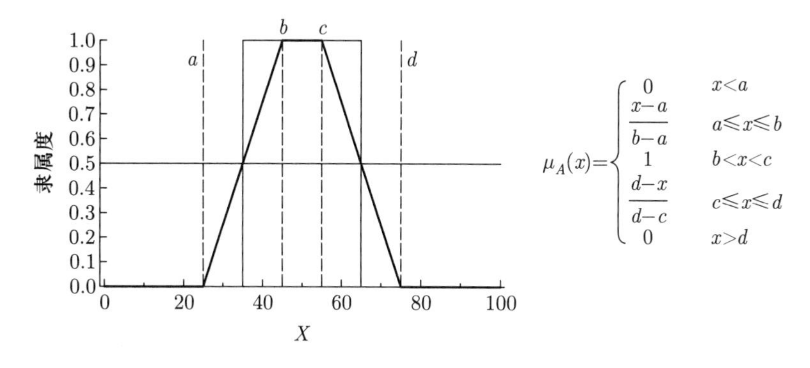

$$\mu_A(x)=\begin{cases}0 & x<a\\ \dfrac{x-a}{b-a} & a\leqslant x\leqslant b\\ 1 & b<x<c\\ \dfrac{d-x}{d-c} & c\leqslant x\leqslant d\\ 0 & x>d\end{cases}$$

图 12.2 线性隶属函数

如果非线性隶属函数更适合我们的目的，应该选择正弦隶属函数（图 12.3）。与线性隶属函数一样，通过适当选择四个参数，我们可以实现 S 形、钟形和 L 形隶属函数的构建。

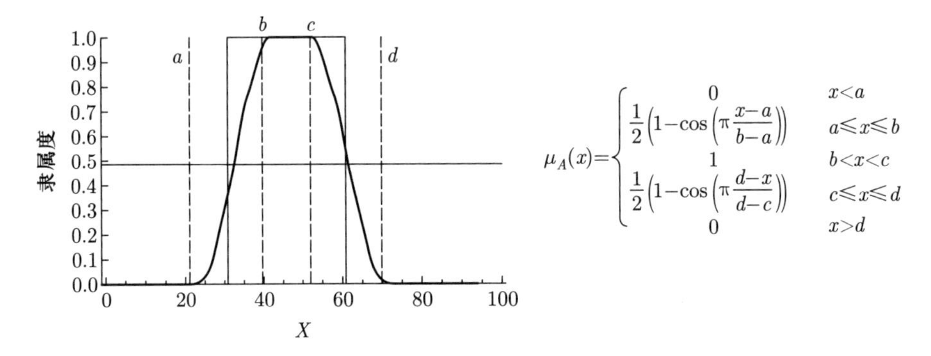

图 12.3 正弦隶属函数

钟形隶属函数的一个特例是高斯函数，它由正态分布的概率密度函数导出，具有 c（平均值）和 σ（标准偏差）两个参数，如图 12.4 所示。虽然这个隶属函数是从概率密度函数导出的，但它在这里被用作模糊集的隶属函数。

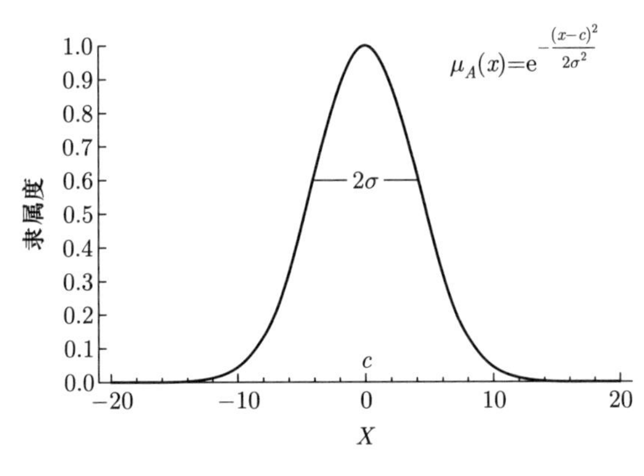

图 12.4 高斯隶属函数

例 12.2 例 12.1 中的隶属函数是具有以下参数的线性函数：

$$\mu_{\text{short}}(x)=\begin{cases}1, & x\leqslant 150\\ \dfrac{180-x}{30}, & 150<x\leqslant 180\\ 0, & x>180\end{cases}$$

$$\mu_{\text{average}}(x)=\begin{cases}0, & x\leqslant 150\\ \dfrac{x-150}{25}, & 150<x\leqslant 175\\ \dfrac{200-x}{25}, & 175<x\leqslant 200\\ 0, & x>200\end{cases}$$

$$\mu_{\text{tall}}(x)=\begin{cases}0, & x\leqslant 170\\ \dfrac{x-170}{30}, & 170<x\leqslant 200\\ 1, & x>200\end{cases}$$

12.4 模糊集上的运算

模糊集上的运算与明确集定义的方式类似。然而，并非所有的明确集运算规则都适用于模糊集。与明确集一样，模糊集有子集、并集、交集和补集。此外，还存在多种模糊集的并集和交集运算方法。

定义 12.3 (支撑集) 对于模糊集 A，全集 X 中所有隶属度值大于 0 的元素称为 A 的支撑集，或 $\text{supp}(A)=\{x\in X \mid \mu_A(x)>0\}$。

例 12.3 对于身材矮小的人（例 12.1），模糊集的支撑集是身高小于 180 厘米的人。

定义 12.4 (高度) 模糊集 A 的高度是 A 中达到的最大隶属度值，写为 $\text{hgt}(A)$。如果 $\text{hgt}(A)=1$，则该集合称为标准模糊集。

例 12.4 模糊集“矮”、模糊集“平均”和模糊集“高”的高度为 1。它们都是标准模糊集。

我们可以通过将模糊集的所有隶属度值除以集的高度来标准化模糊集。

定义 12.5 (等价) 如果全集 X 的所有成员的隶属度值相等，即 $\forall x\in X$，$\mu_A(x)=\mu_B(x)$，则两个模糊集 A 和 B 等价 (写为 $A=B$)。

模糊集的子集由模糊集包含定义。

定义 12.6 (包含) 如果对于全集中的 A 的每个隶属度，其值小于或等于 B 的隶属度值，即 $\forall x\in X$，$\mu_A(x)\leqslant\mu_B(x)$，则模糊集 A 包含在模糊集 B 中（写为 $A\subseteq B$）。

当我们看隶属函数的图时，A 的图被 B 的图完全覆盖，模糊集 A 将包含在模糊集 B 中，如图 12.5 所示。

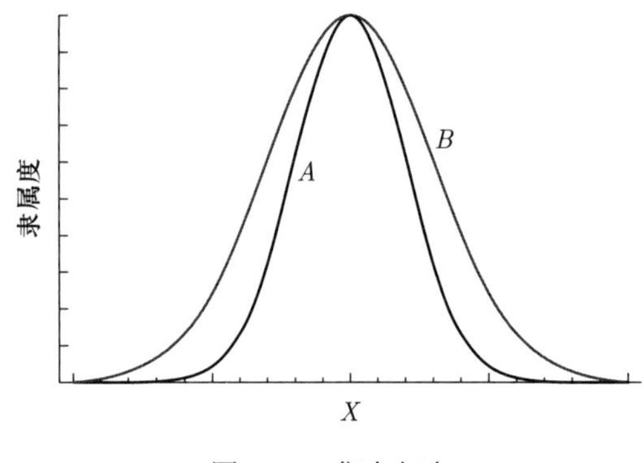

图 12.5 集合包含

对于两个模糊集的并集，我们有多个运算方式。这里介绍了最常见的方法。

定义 12.7 (并集) 两个模糊集 A 和 B 的并集，可通过以下三个运算符之一计算全集 X 中所有元素：

(1) $\mu_{A\cup B}(x)=\max(\mu_A(x),\mu_B(x))$；

(2) $\mu_{A\cup B}(x)=\mu_A(x)+\mu_B(x)-\mu_A(x)\cdot\mu_B(x)$；

(3) $\mu_{A\cup B}(x)=\min(1,\mu_A(x)+\mu_B(x))$。

max 运算符是一个非交互运算符，因为两个集合的隶属度值不相互交互。

事实上，当一个集合包含在另一个集合中时，在并集操作中可以完全忽略它。而其他两个操作符称为交互式，因为并集操作的隶属度值由两个集合的隶属度值确定。

例 12.5 图 12.6 说明了例 12.1 中的模糊集“矮”和模糊集“平均”的并集运算符。

定义 12.8 (交集) 两个模糊集 A 和 B 的交集，可通过以下三个运算符之一计算全集 X 中所有元素的交集：

(1) $\mu_{A\cap B}(x)=\min(\mu_A(x),\mu_B(x))$；

(2) $\mu_{A\cap B}(x)=\mu_A(x)\cdot\mu_B(x)$；

(3) $\mu_{A\cap B}(x)=\max(0,\mu_A(x)+\mu_B(x)-1)$。

其中，min 运算符是非交互式的，其他两个操作符是交互式运算符，如上所述。

例 12.6 图 12.7 说明了例 12.1 中的模糊集“矮”和模糊集“平均”的交集。

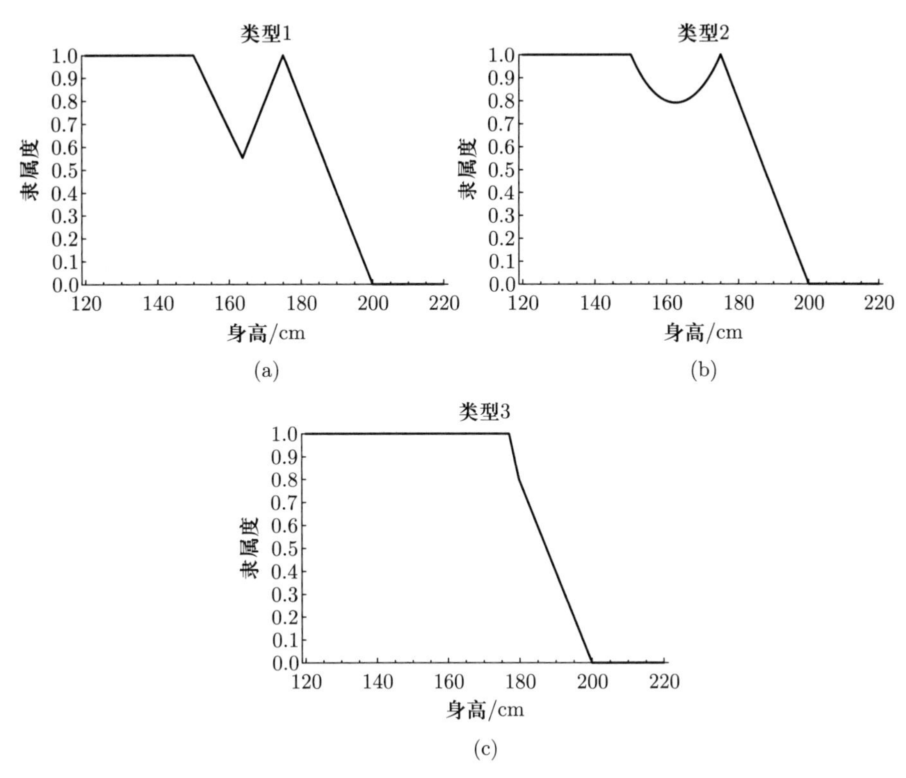

图 12.6 模糊集并集

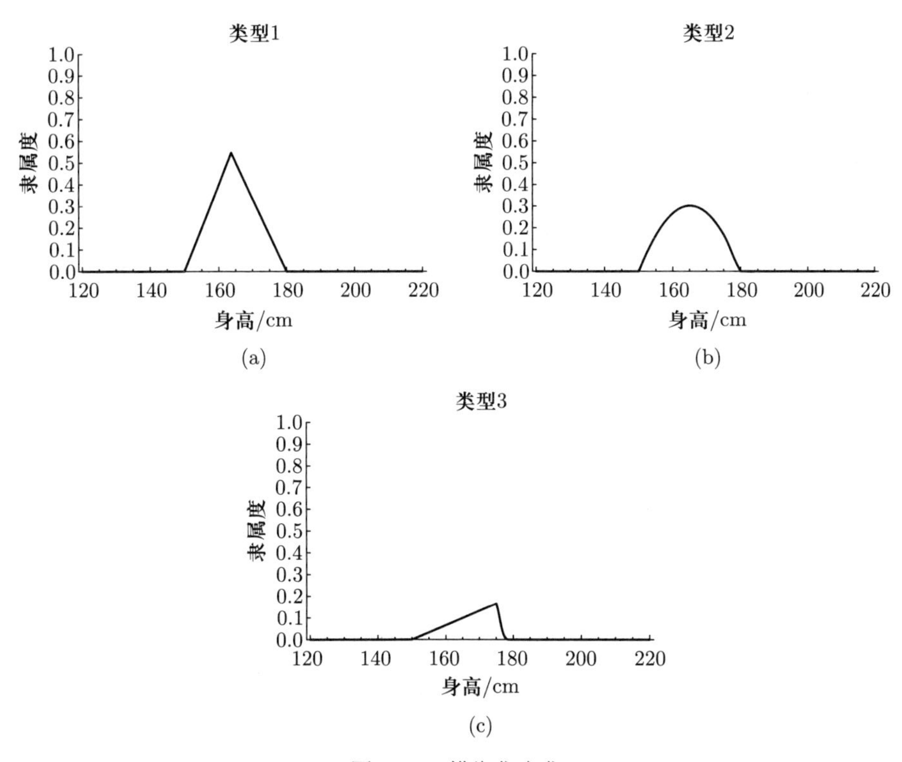

图 12.7 模糊集交集

定义 12.9 (补集) 全集 X 中模糊集 A 的补集定义为 $\forall x \in X$，$\mu_{\overline{A}}(x) = 1 - \mu_A(x)$。

例 12.7 图 12.8 表示例 12.1 的模糊集“平均”和它的补集。

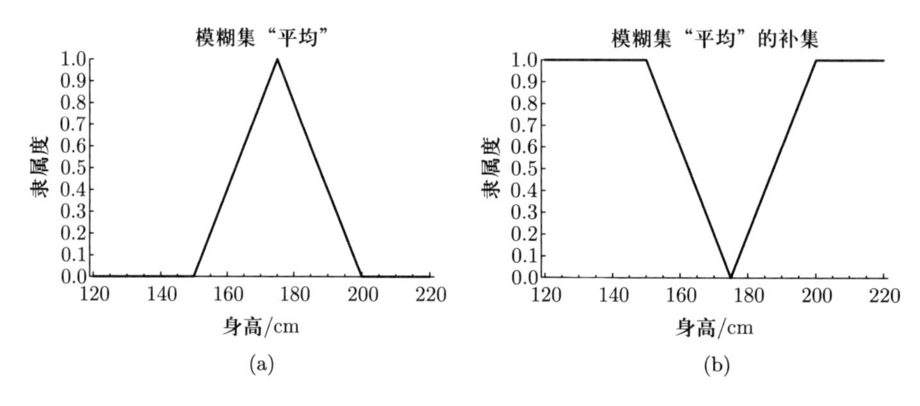

图 12.8 模糊集和它的补集

集合运算的许多规则对明确集和模糊集都有效。表 12.3 列出了对两者都有效的规则。

表 12.3 对明确集和模糊集有效的集运算规则

(1)	$A \cup A = A$	幂等律
(2)	$A \cap A = A$	
(3)	$(A \cup B) \cup C = A \cup (B \cup C)$	结合律
(4)	$(A \cap B) \cap C = A \cap (B \cap C)$	
(5)	$A \cup B = B \cup A$	交换律
(6)	$A \cap B = B \cap A$	
(7)	$A \cup (B \cap C) = (A \cup B) \cap (A \cup C)$	分配律
(8)	$A \cap (B \cup C) = (A \cap B) \cup (A \cap C)$	
(9)	$\overline{A \cup B} = \overline{A} \cap \overline{B}$	德·摩根定律
(10)	$\overline{A \cap B} = \overline{A} \cup \overline{B}$	
(11)	$\overline{\overline{A}} = A$	双反律

表 12.4 显示了通常对明确集有效但对模糊集无效的规则。
图 12.9 说明了排中律和矛盾律通常不适用于模糊集。

表 12.4 仅对明确集有效的规则

(1)	$A \cup \overline{A} = X$	排中律
(2)	$A \cap \overline{A} = \varnothing$	矛盾律

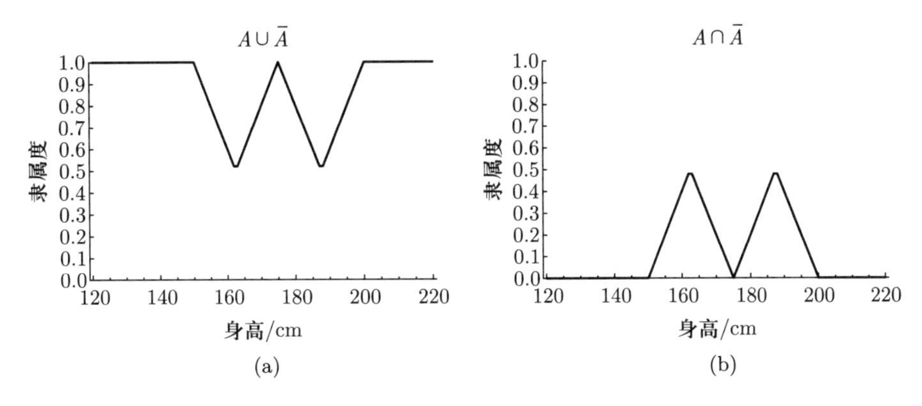

图 12.9 模糊集“平均”的排中律和矛盾律

12.5 α – 截集和 α – 水平集

如果我们想知道全集中所有属于模糊集且至少有一定隶属度的元素，我们可以使用 α – 水平集。

定义 12.10 (α – 截集、α – Cut) 给定 $0 < \alpha \leqslant 1$，α – 弱截集（或 α – 水平集）是指全集中所有满足 $\mu_A(x) \geqslant \alpha$ 的元素的集合，即 $A_\alpha = \{x \in X \mid \mu_A(x) \geqslant \alpha\}$。$\alpha$ – 强截集 $A_{\overline{\alpha}}$ 定义为 $A_{\overline{\alpha}} = \{x \in X \mid \mu_A(x) > \alpha\}$。

例 12.8 模糊集“高”（tall）的 0.8 – 截集包含所有身高 194 厘米或更高的人。

通过 α – 水平集，我们可以识别全集中通常属于模糊集的那些元素。

12.6 语言变量和模糊限制语

在数学中，变量通常假定值为数字。语言变量是假定语言值为单词（语言术语）的变量。例如，如果我们有语言变量“高度”（height），那么高度的语言值可以是“矮”（short）、“平均”（average）和“高”（tall）。这些语言值具有一定程度的不确定性或模糊性，可以通过模糊集的隶属函数来表示。通常，我们通过添加诸如“非常”（very）、“稍微”（somewhat）、“轻微地”（slightly）或“或多或少”（more or less）之类的词语来修饰语言术语，并得出例如“非常高”（very tall）、“不矮”（not short）或“基本平均”（somewhat average）之类的表达。

这种修饰语称为模糊限制语。它们可以通过将运算符作用于模糊集来表示语言学中的术语（表 12.5）。

表 12.5 模糊限制语的运算符

运算符	表达
Normalization	$\mu_{\mathrm{norm}(A)}(x)=\dfrac{\mu_A(x)}{\mathrm{hgt}(A)}$
Concentration	$\mu_{\mathrm{con}(A)}(x)=\mu_A^2(x)$
Dilation	$\mu_{\mathrm{dil}(A)}(x)=\sqrt{\mu_A(x)}$
Negation	$\mu_{\mathrm{not}(A)}(x)=\mu_{\bar{A}}(x)=1-\mu_A(x)$
Contrast intensification	$\mu_{\mathrm{int}(A)}(x)=\begin{cases}2\mu_A^2(x) & 若\mu_A(x)\in[0,0.5]\\ 1-2(1-\mu_A(x))^2 & 否则\end{cases}$

表 12.6 显示了用于表示语言学术语的模糊限制语模型。

表 12.6 模糊限制语及其模型

模糊限制语	运算
a little A	$[\mu_A(x)]^{1.3}$
slightly A	$[\mu_A(x)]^{1.7}$
very A	$[\mu_A(x)]^2$
extremely A	$[\mu_A(x)]^3$
very very A	$[\mu_A(x)]^4$
more or less A (somewhat A)	$\sqrt{\mu_A(x)}$
slightly A	contrast intensification $(\mu_A(x))$
not A	$1-\mu_A(x)$
comfortably A (reasonably A)	$\mathrm{int}(\mathrm{norm}(\mathrm{slightly}\ A\cap\mathrm{not}(\mathrm{very}A)))$

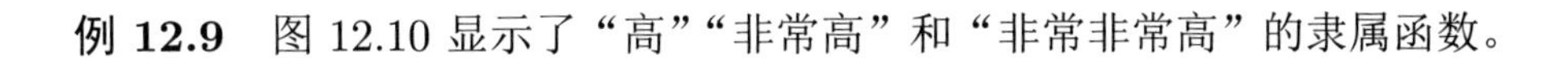

例 12.9 图 12.10 显示了"高""非常高"和"非常非常高"的隶属函数。

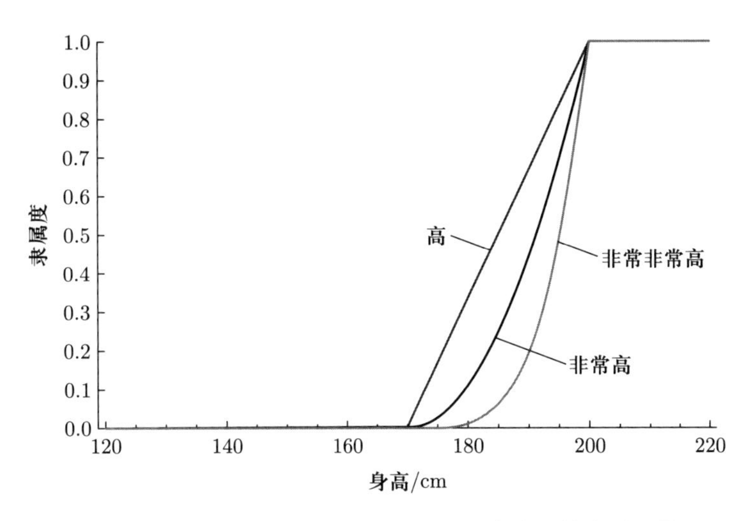

图 12.10 "高""非常高"和"非常非常高"的隶属函数

例 12.10 图 12.11 显示了"高"和"不太高"的隶属函数。

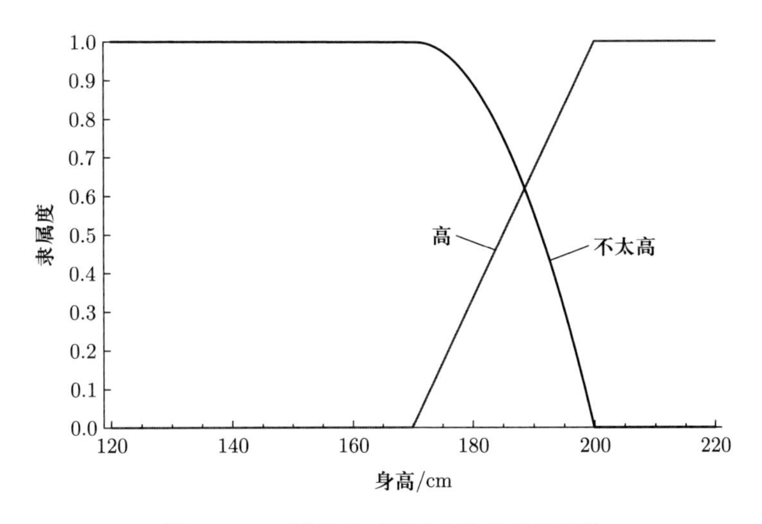

图 12.11 "高"和"不太高"的隶属函数

例 12.11 图 12.12 显示了“高”和“稍高”的隶属函数。

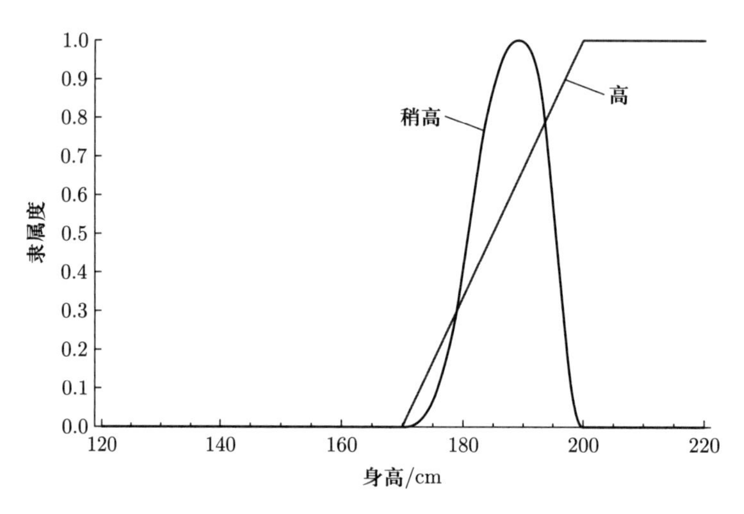

图 12.12 “高”和“稍高”的隶属函数

12.7 模糊推理

在二元逻辑中，一个逻辑变量只有两个可能的值，真或假，1 或 0。正如我们在本章中所看到的，相比明确集，许多现象可以用模糊集更好地表示。当涉及模糊概念时，模糊集也可用于推理。

在二元逻辑中，推理是基于演绎（假言推理）或归纳（拒式假言推理）的。在模糊推理中，我们使用一种广义假言推理方式，其内容如下：

前提条件 1 若 $x = A$ 则 $y = B$。

前提条件 2 $x = A'$。

结论 $y = B'$。

这里，A、B、A' 和 B' 是模糊集，其中 A' 和 B' 与 A 和 B 不完全相同。

例 12.12 考虑用于温度控制的广义假言推理：

前提条件 1 如果温度低，则把加热器调至高档。

前提条件 2 温度非常低。

结论 把加热器调至非常高档。

对于逻辑推理，通常有多条规则。事实上，规则的数量可能相当大。模糊推理有以下几种方法。

12.7.1 Mamdani 直接法

在这里，我们讨论被称为 Mamdani 直接法的方法。它是基于一种广义的假言推理：

$$
\begin{array}{ll}
p \Rightarrow q: & \left\{\begin{array}{l}
\text{如果 } x = A_1 \text{ 且 } y = B_1\text{，那么 } z = C_1 \\
\text{如果 } x = A_2 \text{ 且 } y = B_2\text{，那么 } z = C_2 \\
\quad\vdots \\
\quad\vdots \\
\text{如果 } x = A_n \text{ 且 } y = B_n\text{，那么 } z = C_n
\end{array}\right. \\
p_1: & x = A' \text{ 且 } y = B' \\
\hline
& q_1:\ z = C'
\end{array}
$$

前提条件 1 是一组规则，如图 12.13 所示。A、B 和 C 是模糊集，x、y 是前提变量，z 是结果变量[①]。

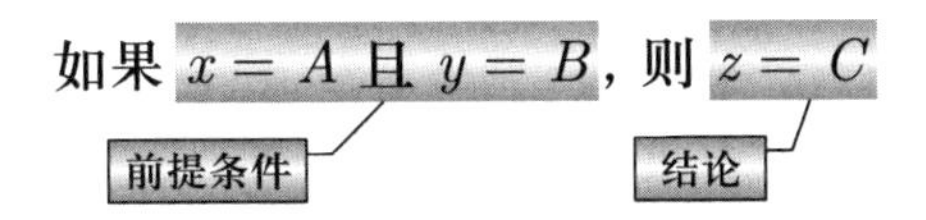

图 12.13 Mamdani 直接法中的推理规则

根据以下步骤，推理过程简单明了。令 x_0 和 y_0 作为前提变量的输入值。

(1) 将输入值应用于每个规则的前提变量，并计算 $\mu_{A_i}(x_0)$ 和 $\mu_{B_i}(y_0)$ 的最小值：

规则 1 $m_1 = \min\left[\mu_{A_1}(x_0), \mu_{B_1}(y_0)\right]$

规则 2 $m_2 = \min\left[\mu_{A_2}(x_0), \mu_{B_2}(y_0)\right]$

$\vdots$ $\vdots$

$\vdots$ $\vdots$

规则 n $m_n = \min\left[\mu_{A_n}(x_0), \mu_{B_n}(y_0)\right]$

(2) 去掉结果 $\mu_{C_i}(z)$ 在 m_i 的隶属函数：

规则 1 结论 $\mu_{C_1'} = \min\left[m_1, \mu_{C_1}(z)\right],\ \forall z \in C_1$

规则 2 结论 $\mu_{C_2'} = \min\left[m_2, \mu_{C_2}(z)\right],\ \forall z \in C_2$

$\vdots$ $\vdots$

$\vdots$ $\vdots$

规则 n 结论 $\mu_{C_n'} = \min\left[m_n, \mu_{C_n}(z)\right],\ \forall z \in C_n$

---

① 可以有两个以上的前提变量来表示复杂的规则。可以毫无问题地扩展到这种情况。

(3) 确定步骤 (2) 中所有单个结论的并集来计算最终结论：

$$\mu_C(z) = \max\left[\mu_{C_1'}(z), \mu_{C_2'}(z), \cdots, \mu_{C_n'}(z)\right]$$

最终结果是一个模糊集。出于实际原因，我们需要一个结果变量的确定值。确定该值的过程称为解模糊。有几种方法可以对给定的模糊集进行解模糊。其中最常见的是重心法（或面积中心法）。

对于离散模糊集，面积中心的计算如下：

$$z_0 = \frac{\sum \mu_C(z) \cdot z}{\sum \mu_C(z)}$$

对于连续模糊集，则为

$$z_0 = \frac{\int \mu_C(z) \cdot z\mathrm{d}z}{\int \mu_C(z)\mathrm{d}z}$$

例 12.13 给定汽车的速度和与前车的距离，我们想确定是应该刹车、保持速度还是加速。针对给定情况，假设以下一组规则：

规则 1 如果车距短、车速慢，则保持车速。

规则 2 如果车距短、车速快，则降低车速。

规则 3 如果车距长、车速慢，则提高车速。

规则 4 如果车距长、车速快，则保持车速。

距离、速度和加速度是语言变量，其值分别为“短”(short)、“长”(long)、“高”(high)、“低”(low)、“减少”(reduce)、“保持”(maintain) 和“增加”(increase)。它们可以建模为模糊集，如图 12.14 所示。

在给定的距离 $x_0 = 15$ m 和 $y_0 = 60$ km·h^{-1} 的速度下，我们执行步骤 (1)。结果如表 12.7 所示。

表 12.7 模糊推理步骤 (1)

规则	短	长	低	高	最小值
1	0.75		0.25		0.25
2	0.75			0.75	0.75
3		0.25	0.25		0.25
4		0.25		0.75	0.25

现在，我们必须在步骤 (1) 中的最小值处切割结论变量的隶属函数，结果如图 12.15 所示。

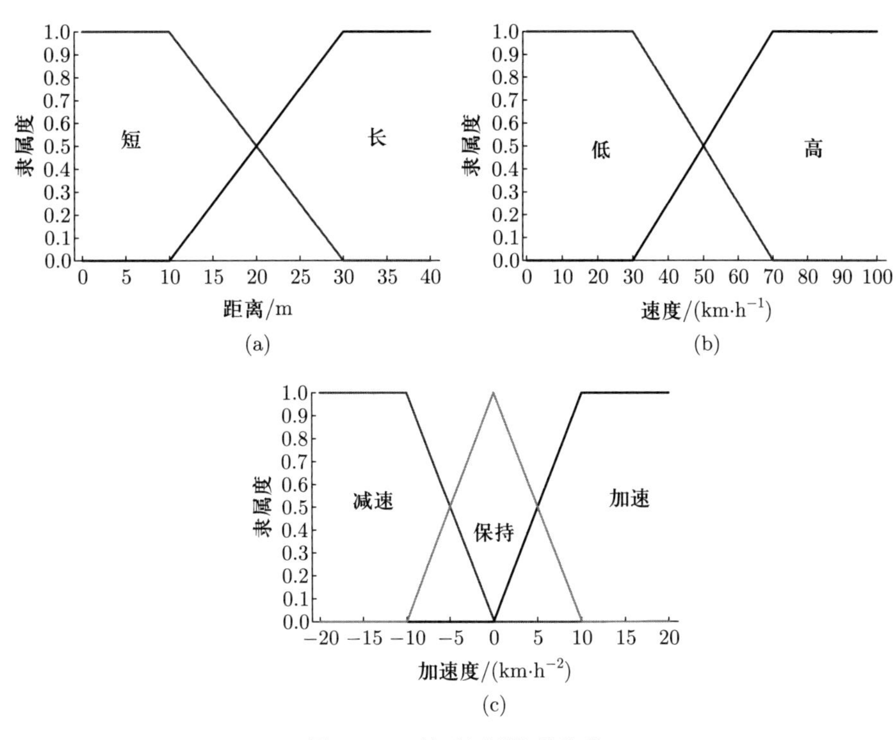

图 12.14 基于规则的模糊集

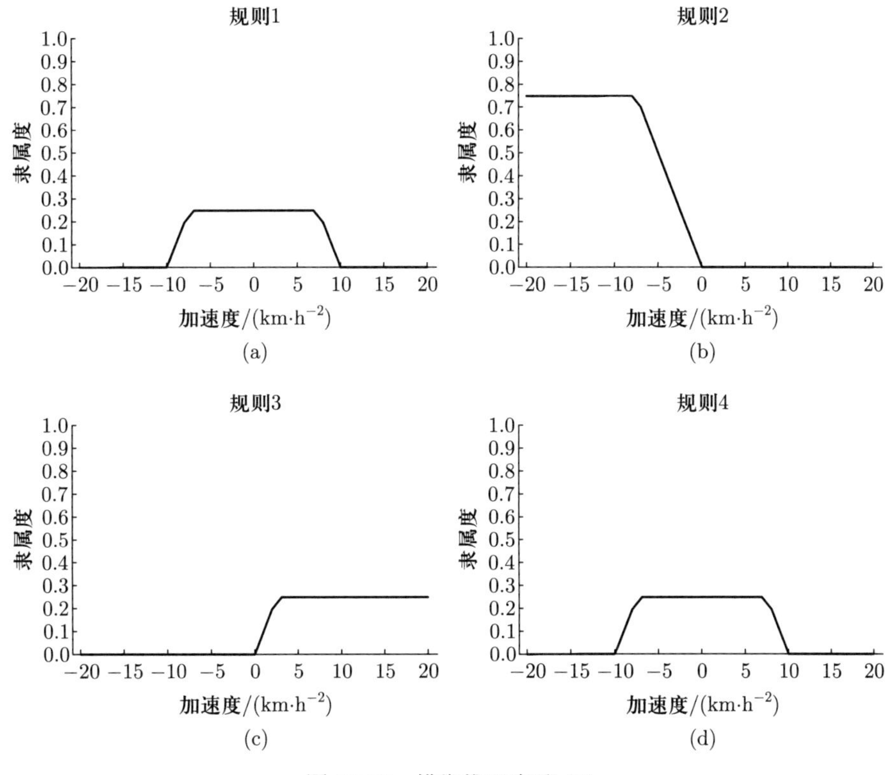

图 12.15 模糊推理步骤 (2)

最后，我们必须将步骤 (2) 中的各个隶属函数组合到最终结果中，并将其解模糊。四个隶属函数的并集如图 12.16 所示。解模糊后的最终值为 −5.46，用圆点表示。该模糊推理的结论是，当车辆之间的距离为 15 米，速度为每小时 60 千米时，我们必须轻轻地刹车以降低速度。

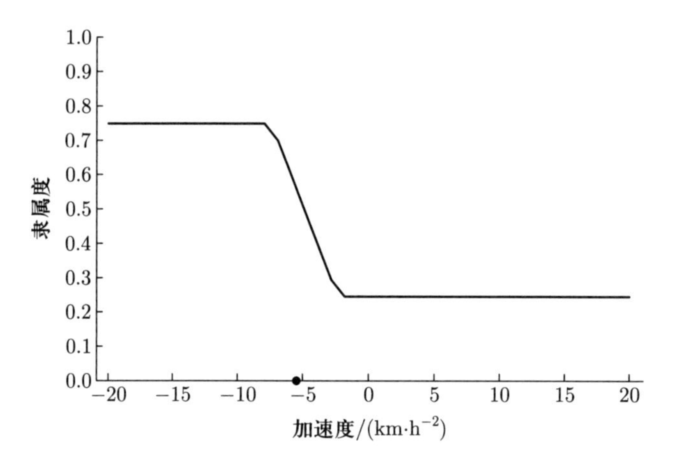

图 12.16 模糊推理最终结果

12.7.2 简化法

通常，解模糊过程非常耗时并且复杂。另一种解决方法是简化法，其结论是实值 c 而非模糊集。它基于以下形式的广义假言推理：

$$p \Rightarrow q: \begin{cases} \text{如果 } x = A_1 \text{ 且 } y = B_1\text{，那么 } z = c_1 \\ \text{如果 } x = A_2 \text{ 且 } y = B_2\text{，那么 } z = c_2 \\ \vdots \\ \vdots \\ \text{如果 } x = A_n \text{ 且 } y = B_n\text{，那么 } z = c_n \end{cases}$$

$$p_1: \quad x = A' \text{ 且 } y = B'$$

$$\overline{\qquad\qquad\qquad\qquad\qquad\qquad}$$

$$q_1: \ z = c'$$

前提条件 1 是一组如图 12.17 所示的规则。前提变量为模糊集，结论值是一个实数（模糊单值）。

与 Mamdani 直接法类似，推理过程非常简单，不同之处在于结果不是需要解模糊的模糊集，而是可以在算法的第 2 步后直接计算得到最终结果。

该算法的工作原理如下所述。令 x_0 和 y_0 作为前提变量的输入值。

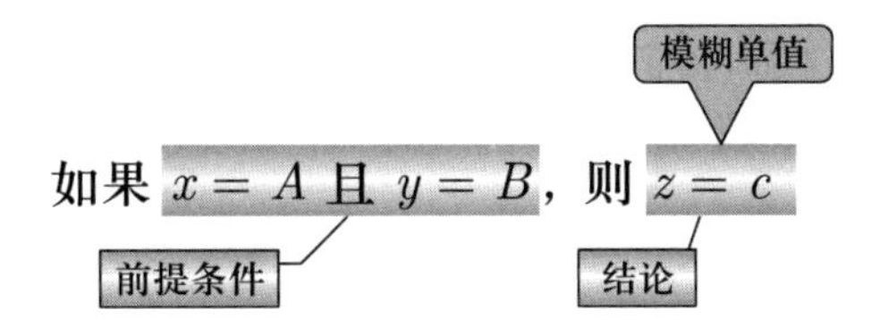

图 12.17 简化法中的推理规则

(1) 将输入值应用于每个规则的前提变量，并计算 $\mu_{A_i}(x_0)$ 和 $\mu_{B_i}(y_0)$ 的最小值：

规则 1 $m_1=\min\left[\mu_{A_1}(x_0),\mu_{B_1}(y_0)\right]$

规则 2 $m_2=\min\left[\mu_{A_2}(x_0),\mu_{B_2}(y_0)\right]$

⋮ ⋮

⋮ ⋮

规则 n $m_n=\min\left[\mu_{A_n}(x_0),\mu_{B_n}(y_0)\right]$

(2) 根据规则计算结论值如下：

规则 1 结论 $c_1'=m_1\cdot c_1$

规则 2 结论 $c_2'=m_2\cdot c_2$

⋮ ⋮

⋮ ⋮

规则 n 结论 $c_n'=m_n\cdot c_n$

(3) 最终结论值计算为

$$c'=\frac{\sum_{i=1}^{n}c_i'}{\sum_{i=1}^{n}m_i}$$

例 12.14 给定一个区域的坡度和坡向图以及以下一组规则，我们可以根据 1（低风险）到 4（非常高风险）的风险程度进行风险分析。平坦（flat）和陡峭（steep）的模糊集如图 12.18 和图 12.19 所示。

规则 1 如果坡度平坦，坡向有利，那么风险程度为 1。

规则 2 如果坡度陡峭，坡向有利，那么风险程度为 2。

规则 3 如果坡度平坦，坡向不利，那么风险程度为 1。

规则 4 如果坡度陡峭，坡向不利，那么风险程度为 4。

对于 10% 的坡度和 180° 的坡向，我们得到以下结果（表 12.8）。

对于我们得到的最终结果 $c'=\dfrac{0.5+0.4+0+0}{0.5+0.2+0+0}=1.29$，这意味着低风险。

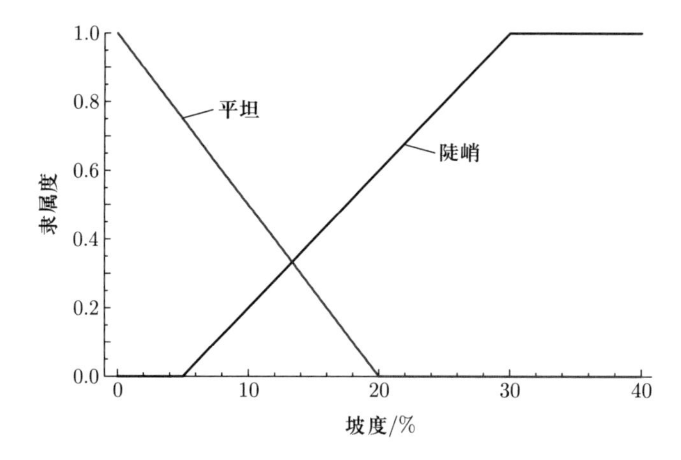

图 12.18 平坦（flat）和陡峭（steep）的隶属函数

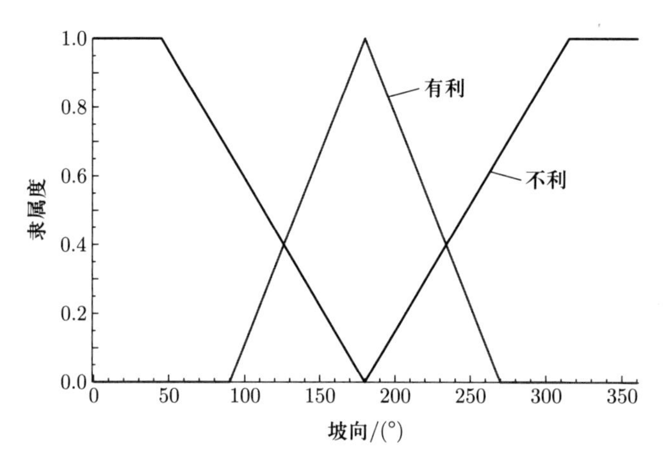

图 12.19 有利面和不利面的隶属函数

表 12.8 简化法推理结果

规则	坡度 (s)	坡向 (a)	$\min(s, a)$	结果
1	0.5	1	0.5	0.5
2	0.2	1	0.2	0.4
3	0.5	0	0	0
4	0.2	0	0	0

12.8 在 GIS 中的应用

许多空间现象本质上是模糊的，或者具有不确定的边界。模糊逻辑在地理信息系统中的许多领域都得到了应用，如模糊空间分析、模糊推理、模糊边界表示等。本节以 ArcGIS 中的分析为例，说明如何基于给定的网格数据集来计算模糊集。

12.8.1 目的

本案例分析的目的是确定高海拔的范围。在下文中，我们使用了美国地质调查局 1∶24000 科罗拉多州博尔德地形图所覆盖区域的数字高程模型。本节以此数据为例，具体分析时大家可以使用任何其他的高程数据集。

12.8.2 模糊概念

海拔在 1700 米以上时视为“高海拔”。我们将满足标准的要素表示为一个模糊集，其正弦隶属函数（图 12.20）定义为

$$\mu_{\text{高海拔}}(x)=\begin{cases}0, & x\leqslant 1700\\ \dfrac{1}{2}\left(1-\cos\left(\pi\dfrac{x-1700}{300}\right)\right), & 1700<x\leqslant 2000\\ 1, & x>2000\end{cases}$$

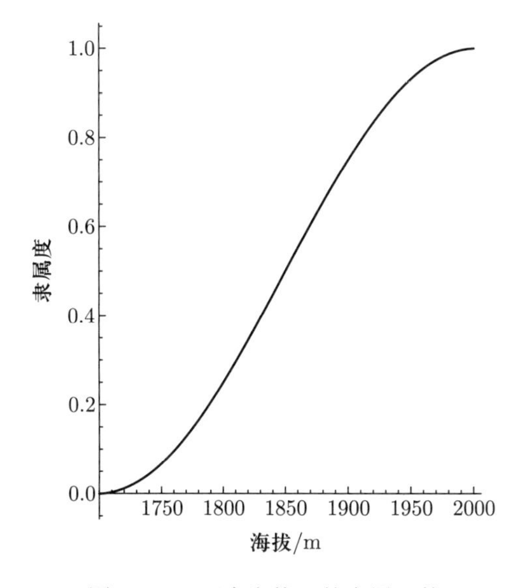

图 12.20 “高海拔”的隶属函数

12.8.3 软件方法

解决该问题有几种方法：我们可以使用 ArcMap 或 ArcGIS Pro Spatial Analyst 的栅格计算器或模糊隶属度和模糊覆盖工具。我们甚至可以使用 Python 脚本创建自己的模糊逻辑工具。涉及的高程网格称为“elevation”。模糊集将是一个名为“felevation”的网格，其值介于 0 和 1 之间。

12.8.3.1 空间分析栅格计算器

为了解决这个问题，我们使用空间分析工具集中的空间分析栅格计算器。图 12.21 是生成所需模糊集的 ArcGIS Pro Raster Calculator 命令。

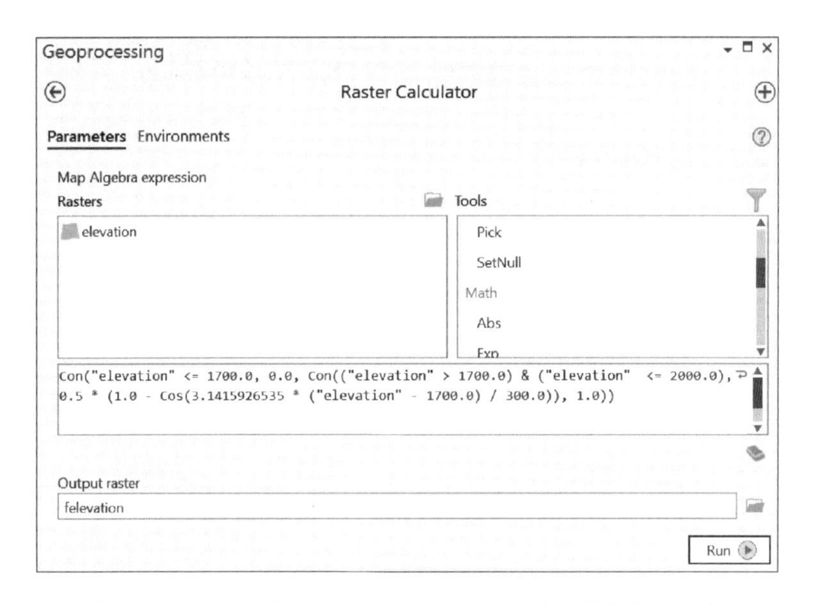

图 12.21 ArcGIS Pro Raster Calculator 生成模糊集的命令

12.8.3.2 ArcGIS Pro 模糊工具集

我们还可以使用空间分析数据集中叠加工具集包含的模糊隶属度工具。值得注意的是，该工具只能选择给定的隶属函数类型。

12.8.4 结果

图 12.22 显示了使用模糊逻辑方法和明确方法得到的分析结果。

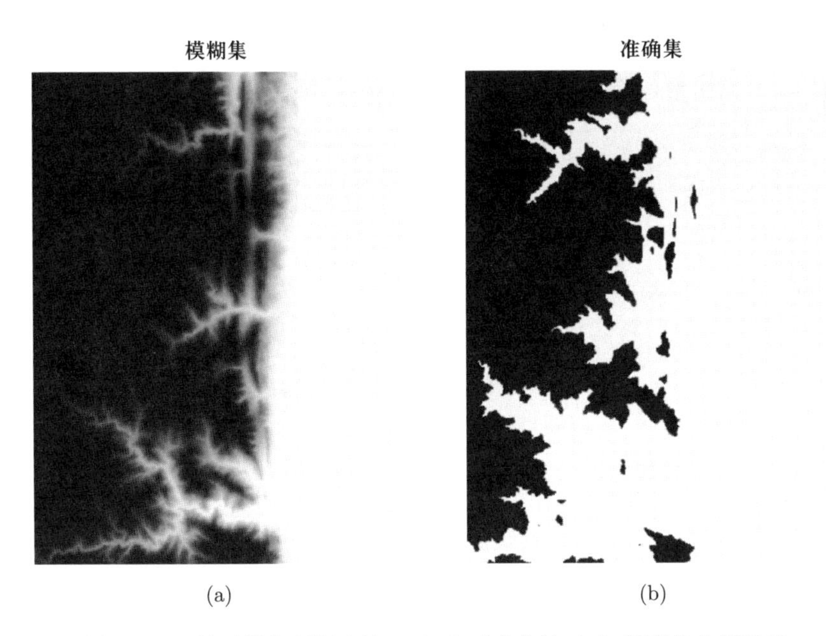

(a) (b)

图 12.22 使用模糊逻辑方法（a）和明确方法（b）得到的分析结果

12.9 习　　题

习题 12.1 当理想海拔在 400 米到 600 米之间时，确定“中等海拔”的线性隶属函数。

习题 12.2 为方向“南”确定高斯隶属函数。

习题 12.3 使用带有高程、水体和道路的地形数据集，并确定具有以下特征的合适场地：

(1) 中等坡度；

(2) 有利坡向；

(3) 中等海拔；

(4) 湖泊或水库附近；

(5) 离主干道不太近。

为模糊项选择合适的隶属函数。

习题 12.4 设计山区雪崩风险的简单模糊推理系统。涉及的变量包括坡度、坡向和积雪变化。为了简单起见，我们不考虑表面覆盖。必须模拟积雪变化。规则如下：

规则 1　如果坡度非常陡峭，坡向不利，积雪变化很大，则风险非常高。

规则 2　如果坡度适中，坡向不利，积雪变化较大，则风险适中。

规则 3 如果坡度较陡，坡向不利，积雪变化较小，则风险较低。

规则 4 如果坡度不陡，坡向不利，积雪变化大，则风险适中。

第 13 章

概 率 论

在一个标准大气压下，纯水加热到 100°C 时必然会沸腾。这种在一定条件下必然发生某一结果的现象称为决定性现象。与决定性现象相反，掷一枚硬币，可能出现正面或反面。在基本条件不变的情况下，每一次试验或观察前，不能肯定会出现哪种结果，呈现出偶然性的现象称为随机现象。

概率论是研究随机现象数量化规律的一个数学分支。概率论用概率来度量一个事件发生的可能性。虽然在一次随机试验中某个事件的发生是带有偶然性的，但那些可在相同条件下大量重复的随机试验却往往呈现出明显的数值规律。

13.1 随机事件与概率

13.1.1 随机试验和样本空间

定义 13.1 (**随机试验**) 概率统计通过对某随机现象进行重复观测，或在相同条件下进行重复试验，研究统计规律。这样的一次观测或者一次试验，称为一个随机试验。

随机试验具有以下特点：①在相同的条件下，试验可重复进行；②在试验前不能断定其将发生什么结果；③试验的全部可能结果是明确的；④每次试验完成后，结果是明确的。

典型的随机试验有掷骰子、扔硬币、抽扑克牌以及玩轮盘游戏等。

定义 13.2 (**样本空间**) 样本空间是一个随机试验所有可能结果的集合，通常记为 Ω。

定义 13.3 (样本) 一个试验的结果，它是样本空间的一个元素。

定义 13.4 (随机事件) 一个随机试验的样本空间的一个子集称为一个随机事件，简称事件。作为特殊子集，样本空间的全集称为必然事件；空集称为不可能事件，通常记为 $\varPhi$。

由于随机事件是一个集合，随机事件遵循交、并、差和补等集合操作。两个事件 A 和 B 的交集，用 $A\cap B$，或 AB，或 $A*B$ 表示，是 A 和 B 同时发生。两个事件 A 和 B 的并集（和），用 $A\cup B$ 或 $A+B$ 表示，就是 A 或 B 发生。一个事件 A 与另一个事件 B 的差（用 $A-B$ 或 $A\setminus B$ 表示）代表 A 发生而 B 未发生。事件 A 的补集，用 $\overline{A}$ 表示，代表 A 不发生，即 $\varOmega\setminus A$。

例 13.1 抛掷一枚硬币，观察正面和反面出现的情况，将两个基本结果分别记为 ω_1,ω_2，则该试验的样本空间为 $\varOmega=\{\omega_1,\omega_2\}$。

例 13.2 抛掷一个骰子，观察朝上的点数，可能出现的点数分别为 $1,2,3,4,5,6$，则该试验的样本空间 $\varOmega=\{1,2,3,4,5,6\}$。$A=\{1,2,3\}$ 是样本空间 $\varOmega$ 的一个随机事件，$B=\{3,4,5,6\}$ 是样本空间 $\varOmega$ 的另一个随机事件。那么，$AB=\{3\}$，$A+B=\varOmega$，$A\setminus B=\{1,2\}$，$\overline{A}=\{4,5,6\}$。

13.1.2 概率

定义 13.5 (概率) 设一个随机试验的样本空间为 $\varOmega$，若对每一个事件 A，有且只有一个实数 $P(A)$ 与之对应，且满足如下公理：

(1) 非负性：$P(A)\geqslant 0$；

(2) 规范性：$P(\varOmega)=1$；

(3) 可列可加性：若对任意两两互斥事件 $A_1,A_2,\cdots,A_n,\cdots$，有

$$P\left(\bigcup_{n=1}^{\infty}A_n\right)=\sum_{n=1}^{\infty}P\left(A_n\right)$$

则称 $P(A)$ 为事件 A 的概率。

13.2 条件概率与独立性

13.2.1 条件概率

定义 13.6 (条件概率) 事件 A 发生的可能性受到另一个相关事件 B 发生与否的影响，事件 B 发生时，事件 A 发生的可能性叫作条件概率，记作 $P(A\mid B)$。

假定 A,B 是两个事件，且 $P(B)>0$，条件概率 $P(A\mid B)$ 满足三个条件：

(1) 非负性：对于每一事件 A，有 $P(A\mid B)\geqslant 0$。

(2) 规范性：对于必然事件 S，有 $P(S\mid B)=1$。

(3) 可列可加性：设 $A_1,A_2,\cdots,A_n,\cdots$ 是两两互斥的事件，则 $P\left(\bigcup_{i=1}^{\infty}A_i\mid B\right)=\sum_{i=1}^{\infty}P\left(A_i\mid B\right)$。

另外，由条件概率能迅速推出乘法定理 $P(AB)=P(B\mid A)P(A)$，同时可以推广到多个事件的情况，例如，$P(ABC)=P(C\mid AB)P(B\mid A)P(A)$。

定义 13.7 (**联合概率**) 两个事件 A 和 B 同时发生的概率。换言之，假设有随机变量 X 和 Y，$P(X=a,Y=b)$ 表示 $X=a$ 且 $Y=b$ 的概率。这类包含多个条件且所有条件同时成立的概率称为联合概率。

定义 13.8 (**边缘概率**) 指某个事件 A 单独发生的概率，又称边际概率。换言之，$P(X=a)$ 或 $P(Y=b)$ 这类仅与单个随机变量有关的概率称为边缘概率。

例 13.3 某公司有 2000 名职工，其中男性有 1200 人，女性有 800 人。男职工中有 100 人是博士学历，女职工中有 50 人是博士学历，从中任选一名职工。用 A 表示所选职工有博士学历，B 表示所选职工是女性。则我们有

(1) $P(A)=\dfrac{100+50}{2000}=\dfrac{3}{40}$;

(2) $P(B)=\dfrac{800}{2000}=\dfrac{2}{5}$;

(3) AB 表示所选职工是具有博士学历的女性，因此 $P(AB)=\dfrac{50}{2000}=\dfrac{1}{40}$;

(4) $A\mid B$ 表示已知所选职工为女性。在此条件下，该职工具有博士学历，因此 $P(A\mid B)=\dfrac{P(AB)}{P(B)}=\dfrac{1}{40}\times\dfrac{5}{2}=\dfrac{1}{16}$。

13.2.2 全概率公式和贝叶斯公式

定义 13.9 (**全概率公式**) 假设样本空间 Ω 是一系列两两互斥的事件 A_1, $A_2,\cdots,A_n$ 的并集，则对任意一个事件 B，有 $P(B)=\sum_{i=1}^{n}P\left(B\cap A_i\right)$。这个公式称为全概率公式。

例 13.4 假定样本空间 Ω 是两个事件 A 和 $\overline{A}$ 的和，如图 13.1(a) 图所示。在这种情况下，事件 B 可以划分为两个部分，如图 13.1(b) 图所示，则 $P(B)=P(B\cap A)+P(B\cap\overline{A})$。

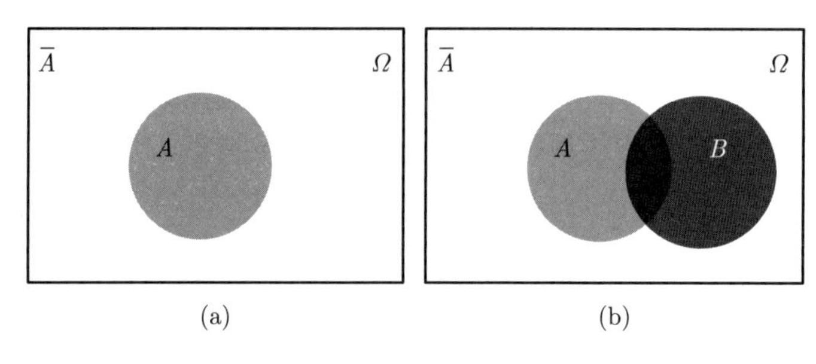

图 13.1 全概率

定义 13.10 (贝叶斯公式) $P(B \mid A) = P(A \mid B)P(B)/P(A)$。

贝叶斯公式的证明是非常直观的：$P(B \mid A) = P(BA)/P(A) = P(A \mid B)P(B)/P(A)$。

例 13.5 进行血液检查时，携带某病菌的病人被检出阳性的概率是 0.95，而不携带该病菌的健康人被检出阳性的概率是 0.01。现假设该疾病的发病率是 0.3%，求已知一人血液检查结果是阳性的条件下，该人确实患有该病的概率。

设 $A = \{阳性\}$，$B = \{携病菌\}$。则 $P(B) = 0.003, P(\overline{B}) = 0.997, P(A \mid B) = 0.95, P(A \mid \overline{B}) = 0.01$。根据贝叶斯公式有

$$P(B \mid A) = \frac{P(B)P(A \mid B)}{P(B)P(A \mid B) + P(\overline{B})P(A \mid \overline{B})} = \frac{0.003 \times 0.95}{0.003 \times 0.95 + 0.997 \times 0.01} \approx 0.222$$

13.2.3 独立性

定义 13.11 (独立事件) 设 A 与 B 是同一试验 E 的两个事件，如果 $P(AB) = P(A)P(B)$，则称事件 A 与 B 是相互独立的[①]。

推论 13.1 若事件 A, B 独立，则下列各对事件也相互独立：$\{\overline{A}, B\}, \{A, \overline{B}\}, \{\overline{A}, \overline{B}\}$。

例 13.6 设黑箱中有 5 个白球，3 个黑球，每次从箱中进行有放回地任取一球，观察其颜色。用 A 表示事件“第一次取到黑球”，用 B 表示事件“第二次取到白球”。这两个事件是相互独立的，因为

$$P(A) = \frac{3}{8}, \quad P(B \mid A) = \frac{5}{8} = P(B)$$

① 独立事件和互斥事件不同。独立事件是指事件 A 发生的概率不影响事件 B。互斥事件是指如果事件 A 发生，那么事件 B 必然不发生。事件 A 的发生影响了事件 B。比如晴天和雨天可以看作互斥事件，而晴天和吃饭可以看作独立事件。

所以，

$$P(AB)=P(A)P(B\mid A)=\frac{3}{8}\times\frac{5}{8}=P(A)P(B)$$

13.3 随机变量与分布函数

13.3.1 基本概念

定义 13.12 (**随机变量**) 设 E 是随机试验，Ω 是它的样本空间，如果对于每一个样本 $\omega\in\Omega$，都有唯一的实数值 $X(\omega)$ 与之对应，则称实值变量 $X(\omega)$ 为一随机变量，简记为 X。

常见的两类随机变量包括离散型随机变量和连续型随机变量。

定义 13.13 (**分布函数**) 设 X 是一个随机变量，x 是任意实数，则称函数 $F(x)=P\{X\leqslant x\}$ 为 X 的分布函数，也称为累积分布函数。随机变量的分布函数 $F(x)$ 是以事件 $\{X\leqslant x\}$ 的概率定义的函数，它是自变量 x 的取值在 $(-\infty,+\infty)$ 内的一个普通函数，其值域为 $[0,1]$。

分布函数是概率统计中重要的函数，可以完整地描述随机变量的统计规律。下面给出分布函数 $F(x)$ 常见的几个性质：

(1) $0\leqslant F(x)\leqslant 1$ 且 $\lim\limits_{x\to-\infty}F(x)=0$, $\lim\limits_{x\to+\infty}F(x)=1$；

(2) $P\{x_1<X\leqslant x_2\}=P\{X\leqslant x_2\}-P\{X\leqslant x_1\}=F(x_2)-F(x_1)$；

(3) $P\{X<b\}=P\left\{\lim\limits_{n\to+\infty}\left(X\leqslant b-\frac{1}{n}\right)\right\}=\lim\limits_{n\to+\infty}P\left\{X\leqslant b-\frac{1}{n}\right\}=\lim\limits_{n\to+\infty}F\left(b-\frac{1}{n}\right)$。

13.3.2 离散型随机变量及其分布函数

定义 13.14 (**离散型随机变量**) 若随机变量 X 的取值是有限的或可数无限的，则称 X 为离散型随机变量。

设离散型随机变量 X 的所有可能取值为 $x_k\,(k=1,2,\cdots)$，事件 $\{X=x_k\}$ 的概率为 $P\{X=x_k\}=p_k\,(k=1,2,\cdots)$，这里 $0\leqslant p_k\leqslant 1$，且 $\sum_{k=1}^{\infty}p_k=1$，则称 $P\{X=x_k\}=p_k\,(k=1,2,\cdots)$ 为随机变量 X 的概率密度函数（也称为概率质量函数、概率分布）。此时离散型随机变量 X 的分布函数为

$$F(x)=P\{X\leqslant x\}=\sum_{x_k\leqslant x}P\{X=x_k\}=\begin{cases}0, & x<x_1\\ p_1, & x_1\leqslant x<x_2\\ \vdots & \vdots\\ \sum_{i=1}^{k}p_i, & x_k\leqslant x<x_{k+1}\\ \vdots & \vdots\\ 1, & x\geqslant x_n\end{cases}$$

其中求和是对所有满足不等式 $x_k\leqslant x$ 的 k 所对应的 p_k 求和。

例 13.7 随机变量 X 的概率分布如下：

$$F(x)=\begin{cases}0, & x<0\\ \dfrac{x}{2}, & 0\leqslant x<1\\ \dfrac{2}{3}, & 1\leqslant x<2\\ \dfrac{11}{12}, & 2\leqslant x<3\\ 1, & x\geqslant 3\end{cases}$$

则

(1) $P\{X<3\}=\lim\limits_{n\to+\infty}P\left\{X\leqslant 3-\dfrac{1}{n}\right\}=\lim\limits_{n\to+\infty}F\left(3-\dfrac{1}{n}\right)=\dfrac{11}{12}$；

(2) $P\{X=1\}=P\{X\leqslant 1\}-P\{X<1\}=F(1)-\lim\limits_{n\to+\infty}F\left(1-\dfrac{1}{n}\right)$ $=\dfrac{2}{3}-\dfrac{1}{2}=\dfrac{1}{6}$；

(3) $P\left\{X>\dfrac{1}{2}\right\}=1-P\left\{X\leqslant\dfrac{1}{2}\right\}=1-F\left(\dfrac{1}{2}\right)=\dfrac{3}{4}$；

(4) $P\{2<X\leqslant 4\}=F(4)-F(2)=\dfrac{1}{12}$。

常见的离散型分布包括二项分布、多项分布、伯努利分布和泊松分布等。

13.3.3 连续型随机变量及其累积分布函数

定义 13.15 (连续型随机变量) 若随机变量 X 的取值是不可数无限的，则称 X 为连续型随机变量。

定义 13.16 (概率密度函数) $F(x)$ 是连续型随机变量 X 的分布函数，若对任意的 x，存在 $f(x)\geqslant 0$，使得 $F(x)=\displaystyle\int_{-\infty}^{x}f(t)\mathrm{d}t$，且 $\displaystyle\int_{-\infty}^{+\infty}f(t)\mathrm{d}t=1$，则

$f(x)$ 称为 X 的概率密度函数。

常见的连续型分布包括均匀分布、正态分布、指数分布、卡方分布、F 分布等。

以正态分布为例，我们称 X 为服从参数 μ 和 σ^2 的正态分布，如果 X 的密度函数为

$$f(x) = \frac{1}{\sqrt{2\pi}\sigma}\mathrm{e}^{-(x-\mu)^2/2\sigma^2} \quad -\infty < x < +\infty$$

则该密度函数是一条关于 $x = \mu$ 对称的钟形曲线。

服从参数 $\mu = 0$ 和 $\sigma^2 = 1$ 的正态分布称为标准正态分布，它的密度函数是

$$f(x) = \frac{1}{\sqrt{2\pi}}\mathrm{e}^{-x^2/2} \quad -\infty < x < +\infty$$

它的分布函数记为 $\Phi(x)$，即

$$\Phi(x) = \frac{1}{\sqrt{2\pi}}\int_{-\infty}^{x}\mathrm{e}^{-t^2/2}\mathrm{d}t \quad -\infty < x < +\infty$$

对于非负数 $x, \Phi(x)$ 可以通过查找标准正态分布表得到。对于一个负数 x，$\Phi(x) = 1 - \Phi(-x)$。

推论 13.2 当 X 为服从参数 μ 和 σ^2 的正态分布时，$Z = (X-\mu)/\sigma$ 服从标准正态分布，且 X 的分布函数可以写成：

$$F_X(a) = P\{X \leqslant a\} = P\left\{\frac{X-\mu}{\sigma} \leqslant \frac{a-\mu}{\sigma}\right\} = \Phi\left(\frac{a-\mu}{\sigma}\right)$$

例 13.8 如果 X 服从正态分布，参数为 $\mu = 3$ 和 $\sigma^2 = 9$，则

(1) $$\begin{aligned} P\{2 < X < 5\} &= P\left\{\frac{2-3}{3} < \frac{X-3}{3} < \frac{5-3}{3}\right\} \\ &= P\left\{-\frac{1}{3} < Z < \frac{2}{3}\right\} \\ &= \Phi\left(\frac{2}{3}\right) - \Phi\left(-\frac{1}{3}\right) = \Phi\left(\frac{2}{3}\right) - \left[1 - \Phi\left(\frac{1}{3}\right)\right] \\ &\approx 0.3779 \end{aligned}$$

(2) $$P\{X > 0\} = P\left\{\frac{X-3}{3} > \frac{0-3}{3}\right\}$$

$$
\begin{aligned}
&= P\{Z > -1\} \\
&= 1 - \Phi(-1) \\
&= \Phi(1) \\
&\approx 0.8413
\end{aligned}
$$

(3)
$$
\begin{aligned}
P\{|X-3| > 6\} &= P\{X > 9\} + P\{X < -3\} \\
&= P\left\{\frac{X-3}{3} > \frac{9-3}{3}\right\} + P\left\{\frac{X-3}{3} < \frac{-3-3}{3}\right\} \\
&= P\{Z > 2\} + P\{Z < -2\} \\
&= 1 - \Phi(2) + \Phi(-2) \\
&= 2[1 - \Phi(2)] \\
&\approx 0.0456
\end{aligned}
$$

13.4 数学特征

13.4.1 数学期望

定义 13.17 (离散型随机变量的数学期望) 离散型随机变量 X 的数学期望定义为

$$E[X] = \sum_x xp(x)$$

其中，$p(x)$ 是 X 的概率分布。

推论 13.3 如果 Y 是一个离散型随机变量 X 的函数，记为 $Y = g(X)$，则 Y 的数学期望是

$$E[Y] = \sum_x g(x)p(x)$$

定义 13.18 (连续型随机变量的数学期望) 连续型随机变量 X 的数学期望定义为

$$E[X] = \int_{-\infty}^{+\infty} xf(x)\mathrm{d}x$$

其中，$f(x)$ 是 X 的密度函数。

推论 13.4 如果 Y 是一个连续型随机变量 X 的函数，记为 $Y = g(X)$，

则 Y 的数学期望是

$$E[Y]=\int_{-\infty}^{+\infty} g(x)f(x)\mathrm{d}x$$

数学期望表示随机变量取值的平均水平，以上数学期望的定义可以推广到多维空间。以二维空间为例，X 和 Y 为随机变量，则 (X,Y) 是一个二维随机向量。

若一个二维离散型随机向量 (X,Y) 具有二元概率分布 $p(x,y)$，g 是一个二元函数，则

$$E[g(X,Y)]=\sum\nolimits_y \sum\nolimits_x g(x,y)p(x,y)$$

若一个二维连续型随机向量 (X,Y) 具有联合分布密度 $f(x,y)$，g 是一个二元函数，则

$$E[g(X,Y)]=\int_{-\infty}^{+\infty}\int_{-\infty}^{+\infty} g(x,y)f(x,y)\mathrm{d}x\mathrm{d}y$$

例 13.9 假定在一段长为 S 的线段上任意和独立地取两点 X、Y，则 X、Y 是均匀地分布在线段上，且相互独立，X、Y 的联合密度函数为 $f(x,y)=\dfrac{1}{S^2}$，$0<x<S$，$0<y<S$。

X 和 Y 之间的距离的期望为

$$\begin{aligned}
E(|X-Y|)&=\frac{1}{S^2}\int_0^S\int_0^S |x-y|\mathrm{d}y\mathrm{d}x\\
&=\frac{1}{S^2}\int_0^S\int_0^x (x-y)\mathrm{d}y\mathrm{d}x+\frac{1}{S^2}\int_0^S\int_x^S (y-x)\mathrm{d}y\mathrm{d}x\\
&=\frac{S}{3}
\end{aligned}$$

13.4.2 方差和相关系数

定义 13.19 (离散型随机变量的方差) 离散型随机变量 X 的方差定义为

$$\mathrm{Var}(X)=E[X-E(X)]^2$$

定义 13.20 (连续型随机变量的方差) 连续型随机变量 X 的方差定义为

$$\mathrm{Var}(X)=\int_{-\infty}^{+\infty}[x-E(X)]^2 f(x)\mathrm{d}x$$

其中，$f(x)$ 是 X 的概率密度函数。

随机变量的方差是一个正数，当 X 的可能值在它的期望值附近，方差小；反之，则大。方差表示一个随机变量取值的分散程度。

例 13.10 两名射击选手 A 和 B，射中的环数分别为 X 和 Y，且分布律如表 13.1 所示。

表 13.1 射击选手 A 和 B 射中的环数

X	10	9	8	7	6	5	4	3	2	1	0
$P(X)$	0.3	0.2	0.1	0.1	0.05	0.05	0.04	0.03	0.02	0.01	0.1
Y	10	9	8	7	6	5	4	3	2	1	0
$P(Y)$	0.5	0.3	0.06	0.03	0.02	0.02	0.02	0.02	0.01	0.01	0.01

$\mathrm{Var}(X), \mathrm{Var}(Y)$ 可以这样计算：

$$\begin{aligned} E(X) &= 0.3 \times 10 + 0.2 \times 9 + 0.1 \times 8 + 0.1 \times 7 + 0.05 \times 6 + 0.05 \times 5 + \\ &\quad 0.04 \times 4 + 0.03 \times 3 + 0.02 \times 2 + 0.01 \times 1 + 0.1 \times 0 \\ &= 7.15 \\ E(Y) &= 0.5 \times 10 + 0.3 \times 9 + 0.06 \times 8 + 0.03 \times 7 + 0.02 \times 6 + 0.02 \times 5 + \\ &\quad 0.02 \times 4 + 0.02 \times 3 + 0.01 \times 2 + 0.01 \times 1 + 0.01 \times 0 \\ &= 8.78 \end{aligned}$$

$$\begin{aligned} \mathrm{Var}(X) &= 0.3 \times (10 - 7.15)^2 + 0.2 \times (9 - 7.15)^2 + 0.1 \times (8 - 7.15)^2 + \\ &\quad 0.1 \times (7 - 7.15)^2 + 0.05 \times (6 - 7.15)^2 + 0.05 \times (5 - 7.15)^2 + \\ &\quad 0.04 \times (4 - 7.15)^2 + 0.03 \times (3 - 7.15)^2 + 0.02 \times (2 - 7.15)^2 + \\ &\quad 0.01 \times (1 - 7.15)^2 + 0.1 \times (0 - 7.15)^2 \\ &= 10.4275 \\ \mathrm{Var}(Y) &= 0.5 \times (10 - 8.78)^2 + 0.3 \times (9 - 8.78)^2 + 0.06 \times (8 - 8.78)^2 + \\ &\quad 0.03 \times (7 - 8.78)^2 + 0.02 \times (6 - 8.78)^2 + 0.02 \times (5 - 8.78)^2 + \\ &\quad 0.02 \times (4 - 8.78)^2 + 0.02 \times (3 - 8.78)^2 + 0.01 \times (2 - 8.78)^2 + \\ &\quad 0.01 \times (1 - 8.78)^2 + 0.01 \times (0 - 8.78)^2 \\ &= 4.2916 \end{aligned}$$

期望和方差主要用于描述单个随机变量的数学特征。而协方差用于描述两个随机变量之间的相关关系。

定义 13.21 (**协方差**) X 和 Y 之间的协方差 $\mathrm{Cov}(X,Y)$ 定义为

$$\mathrm{Cov}(X,Y)=E[(X-E(X))(Y-E(Y))]$$

协方差可以是负数、零或者正数。如果两个随机变量是独立的，它们的协方差为零。下面给出了协方差的其他若干性质，读者可以自行作为练习证明。

(1) $\mathrm{Cov}(X,Y)=\mathrm{Cov}(Y,X)$；

(2) $\mathrm{Cov}(X,X)=\mathrm{Var}(X)$；

(3) $\mathrm{Cov}(aX,Y)=a\,\mathrm{Cov}(X,Y)$；

(4) $\mathrm{Cov}\left(\sum_{i=1}^{n}X_i,\sum_{j=1}^{m}Y_j\right)=\sum_{i=1}^{n}\sum_{j=1}^{m}\mathrm{Cov}\left(X_i,Y_j\right)$

定义 13.22 (**相关系数**) 设 X 和 Y 是两个方差均为正数的随机变量，则 X 和 Y 的相关系数定义为

$$\rho(X,Y)=\frac{\mathrm{Cov}(X,Y)}{\sqrt{\mathrm{Var}(X)\,\mathrm{Var}(Y)}}$$

相关系数是正则化的协方差。

13.5 在 GIS 中的应用

概率论应用于 GIS 的例子很多，代表性的成果就是概率论支持的统计分析方法，该方法系统地与空间分析方法结合，形成空间统计分析。例如，用期望值来估计多次定位结果描述的真实地理位置，用方差来比较两个测量方法的稳定性，用核密度分析的方法制作热力图，利用相关系数描述和计算空间相关性等。

13.6 习 题

习题 13.1 设事件 A 与 B 相互独立，且 $P(\overline{A}\,\overline{B})=\dfrac{1}{9}$, $P(A\overline{B})=P(\overline{A}B)$，求 $P(A)$ 和 $P(B)$。

习题 13.2 设有四张卡片，第 1 张只有红色的点，第 2 张只有黄色的点，第 3 张只有绿色的点，第 4 张同时有红、黄、绿三种颜色的点。A,B,C 分别表示任意取到的一张卡片上有红色点、黄色点和绿色点的三个事件，考察 A,B,C 的独立性。

习题 13.3 设 $X_1, X_2, \cdots, X_n$ 是任意 n 个随机变量，证明：

$$\operatorname{Var}\left(\sum_{i=1}^{n} X_i\right) = \sum_{i=1}^{n} \operatorname{Var}(X_i) + 2\sum_{1\leqslant i<j\leqslant n} \operatorname{Cov}(X_i, X_j)$$

而且，如果 $X_1, X_2, \cdots, X_n$ 相互独立，则

$$P\left(\sum_{i=1}^{n} X_i\right) = \sum_{i=1}^{n} P(X_i)$$

习题 13.4 试证明：对于任意两个事件 A 和 B，有 $P(B-A) = P(B) - P(AB)$。

第 14 章

统计判别分析

在工业制造、日常生活和商业活动中，经常需要在几个方案中选择一个优化的决策。例如，在遥感图像上，不同的土地覆盖类型成像为不同颜色的像素。已知一些像素的土地覆盖类型，可以构建某种规则，把整个图像的像素划分为耕地、林地、草地、居民地、道路等，结果可以用于政府部门管理和决策。这就是一个常见的归类决策例子。其基本过程是根据一些已知的实例数据，建立分类决策模型，判断未知样本的类型。这种分析模型在数理统计中称为判别分析。

本章从统计判别分析的基本概念出发，介绍了几类常见的方法，并通过例子加深读者的理解。

14.1 基本概念

定义 14.1 (**统计判别分析**) 基于已知类别的实例数据，建立统计学意义上优化的归类规则，以此判断新的实例数据的类别，这个过程就称为统计判别分析。

例 14.1 根据当地收集的历史气象数据，预测明天是阴天、晴天还是雨天，就是一个典型的统计判别分析。

统计判别分析实际上是一种解决分类问题的统计方法。在机器学习领域，分类有两种基本模型，即监督式分类和非监督式分类。其中监督式分类是通过对现有的数据进行学习，根据某个目标函数，获得一个优化的或者最优的规则，这个规则把每个样本（现有的或者未知的）映射到一个预先定义的类上。监督式分类和统计判别分析解决的都是同一种分类问题。

与机器学习一样，很多其他领域都有分类问题的研究，有些甚至形成了自己的术语体系，有时这些术语甚至是同一个术语，在不同领域有细微的差别。

统计判别分析，作为一种统计分类方法，与其他领域的分类方法最大的差别是，统计判别是基于统计学意义上的优化目标。例如，正确分类概率最大，错误分类概率最小，或者发生错误分类的损失期望值最小等。由于在很多情况下，统计学上严格的独立同分布很难实现，甚至很难给出一个概率分布。因此在实际应用中，统计判别方法常常会简化，直接用简单目标函数优化，而没有特别考虑概率分布。

在统计学中，还有一种过程也和分类有关。即给定一系列样本，通过某种统计学意义上的优化规则，把这些样本聚集成几类的过程，称为统计聚类。

例 14.2 根据过去 365 天的气象资料，当地天气可以分为哪几类？例如，根据日最高气温、平均气温或最低气温，可能会分出热天和冷天；根据阳光和雨量记录，可能会分出晴天、阴天、小雨天、大雨天和暴雨天，等等。

因此，统计判别和统计聚类具有明显差异。统计判别是通过样本数据构建分类规则，一般已知有多少和哪些类别，目标是对新样本进行分类。统计聚类则是对已知的样本数据按照某种规则聚集为几类，预先并不知道有哪些类，或要聚集为多少类。

在机器学习领域的监督式分类与统计判别对应；同时，非监督式分类是一个与统计聚类对应的过程。

14.2 统计判别方法评价

评价一个统计判别模型，一般是通过正确或者错误判决的概率，或者损失函数期望值来判断。但是，有时很难确定变量的准确分布，也无法准确计算正确或错误判决的概率或者损失的期望值。为此，更多的时候是通过将样本数据的判决结果与真值进行比较，或者在实践中评价一个判决方法的好坏。这和机器学习领域对分类方法的评价是一致的。

常用的客观评价指标有准确率（accuracy）、精确率（precision）、召回率（recall）、F 值（F-measure）等。

定义 14.2 (真正、TP) 将正类预测为正类数。

定义 14.3 (真负、TN) 将负类预测为负类数。

定义 14.4 (假正、FP) 将负类预测为正类数（第一类错误判别）。

定义 14.5 (**假负、FN**) 将正类预测为负类数（第二类错误判别）。

定义 14.6 (**混淆矩阵**) 将上述几个指标组织为一个矩阵，称为混淆矩阵。

定义 14.7 (**准确率**) $\mathrm{ACCURACY} = \dfrac{\mathrm{TP} + \mathrm{TN}}{\mathrm{TP} + \mathrm{TN} + \mathrm{FP} + \mathrm{FN}}$。

定义 14.8 (**精确率**) $\mathrm{PRECISION} = \dfrac{\mathrm{TP}}{\mathrm{TP} + \mathrm{FP}}$。

定义 14.9 (**召回率**) $\mathrm{RECALL} = \dfrac{\mathrm{TP}}{\mathrm{TP} + \mathrm{FN}}$。

14.3 距离判别法

距离判别法的基本思想是，计算待判别样本与已知类之间的距离，找到距离最近的类，然后就认为该未知类别样本属于这个类别。

距离判别法的核心是距离的定义 (参见定义 9.1)，满足下述三个性质的距离，都可以作为判别的依据。

(1) 非负性：$d(x, y) \geqslant 0$；

(2) 对称性：$d(x, y) = d(y, x)$；

(3) 三角不等式：对任意的 x, y 和 z，$d(x, y) + d(y, z) \geqslant d(x, z)$。

最常用的度量距离的方法是欧氏距离：

$$D = \sqrt{(x_1 - x_2)^2 + (y_1 - y_2)^2}$$

一个点到一个类的距离，可以通过待判别的点到一个类的质心/重心/中心的距离，或到最近的点的距离等计算。

有时候，基于距离也可以导出其他判别规则。例如，待判别点为 x，在欧氏距离的度量下，找到离 x 最近的 k 个点，然后检查这 k 个点属于哪个类别，k 个点中归类到最多点数的类，就作为 x 的类别。这个方法在其他很多领域，都称为 kNN 方法。图 14.1 是 kNN 过程的示意图。

例 14.3 假设根据已知的实例，第一类的中心点坐标是 $x_1 = (0.1, 2.3)$，第二类的中心点坐标是 $x_2 = (2.8, 2.5)$，第三类的中心点坐标是 $x_3 = (1.5, 0.3)$。给定一个新样本 $x = (1.2, 1.0)$，采用欧氏距离，则判别结果是？

解

$$d(x, x_1) = \sqrt{(1.2 - 0.1)^2 + (1.0 - 2.3)^2} \approx 1.703$$

$$d(x, x_2) = \sqrt{(1.2 - 2.8)^2 + (1.0 - 2.5)^2} \approx 2.193$$

$$d(x, x_3) = \sqrt{(1.2 - 1.5)^2 + (1.0 - 0.3)^2} \approx 0.762$$

因此，判决结果是新样本 x 为第三类。

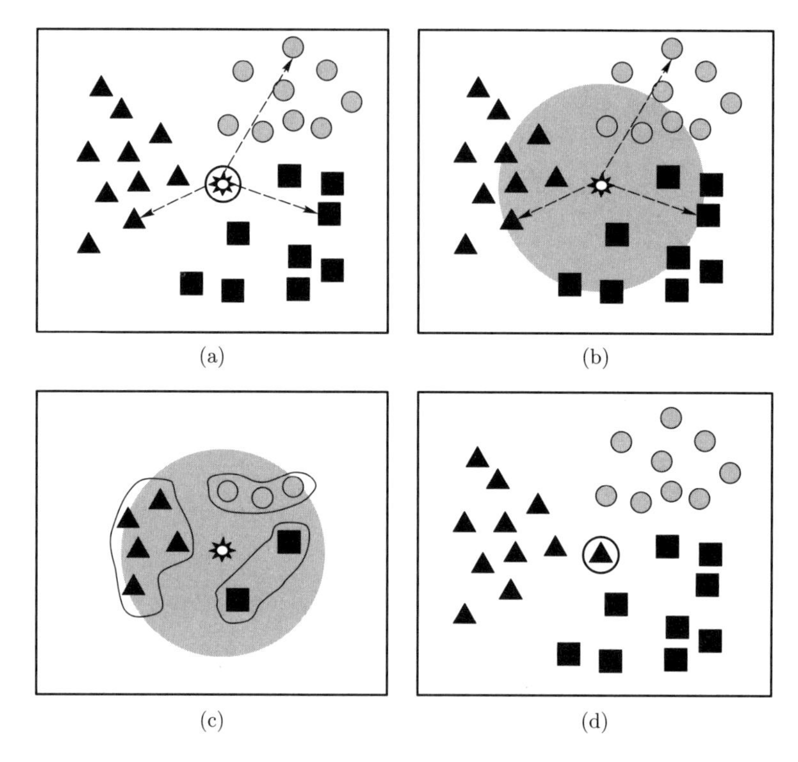

图 14.1 kNN 方法

14.4 Fisher 判别法

Fisher 判别法的基本思路是，把多维空间的点投影到一维空间，并找到一个阈值将一维空间分为两部分，使得类间的方差最大，而类内的方差最小，如图 14.2 所示。从多维空间到一维空间的投影是一个线性函数，所以，Fisher 判别法也称为线性判别法（linear discriminant analysis, LDA）。

这里以二类判别为例，说明 Fisher 判别法的原理。假设有两类 k 维样本数据 A 和 B，分别有 N_0 和 N_1 个样本，记为 $X_0 = \{\boldsymbol{x}_{0i}, i = 1, 2, \cdots, N_0\}$ 和 $X_1 = \{\boldsymbol{x}_{1i}, i = 1, 2, \cdots, N_1\}$，样本的均值分别为 $\boldsymbol{\mu}_0$ 和 $\boldsymbol{\mu}_1$，样本方差分别为 $\boldsymbol{\Sigma}_0$ 和 $\boldsymbol{\Sigma}_1$，即

$$\boldsymbol{\Sigma}_j = \sum\nolimits_{\boldsymbol{x} \in X_j} \left(\boldsymbol{x} - \boldsymbol{\mu}_j\right) \left(\boldsymbol{x} - \boldsymbol{\mu}_j\right)^{\mathrm{T}}$$

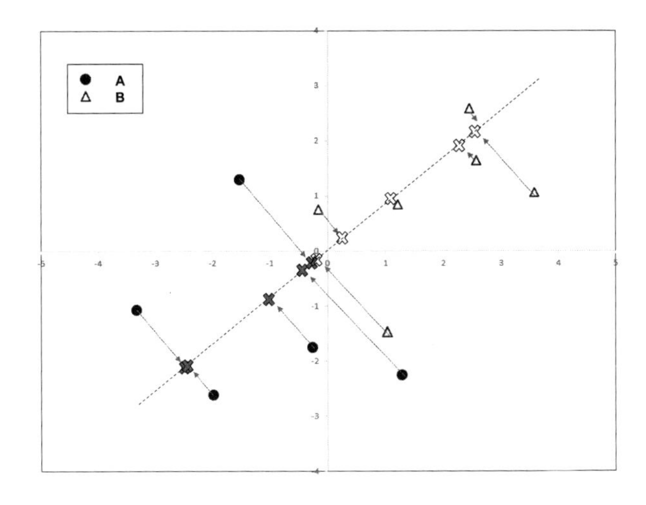

图 14.2 从二维空间向一维空间投影

$$\boldsymbol{\mu}_j=\frac{1}{N_j}\sum\nolimits_{\boldsymbol{x}\in X_j}\boldsymbol{x},\ j\in\{0,1\}$$

假设我们要将样本都投影到直线 $\boldsymbol{w}$ 上，即任意样本 $\boldsymbol{x}$ 的投影是 $\boldsymbol{w}^{\mathrm{T}}\boldsymbol{x}$，而两类样本的中心点 $\boldsymbol{\mu}_0$ 和 $\boldsymbol{\mu}_1$ 的投影分别为 $\boldsymbol{w}^{\mathrm{T}}\boldsymbol{\mu}_0$ 和 $\boldsymbol{w}^{\mathrm{T}}\boldsymbol{\mu}_1$，两类样本的投影点的方差为 $\boldsymbol{w}^{\mathrm{T}}\boldsymbol{\Sigma}_0\boldsymbol{w}$ 和 $\boldsymbol{w}^{\mathrm{T}}\boldsymbol{\Sigma}_1\boldsymbol{w}$。

Fisher 判别法的目标就是要让两个类尽量分开，即 $\|\boldsymbol{w}^{\mathrm{T}}\boldsymbol{\mu}_0-\boldsymbol{w}^{\mathrm{T}}\boldsymbol{\mu}_1\|^2=\boldsymbol{w}^{\mathrm{T}}(\boldsymbol{\mu}_0-\boldsymbol{\mu}_1)(\boldsymbol{\mu}_0-\boldsymbol{\mu}_1)^{\mathrm{T}}\boldsymbol{w}$ 尽量大。同时，还要让同一个类别的数据的投影点尽可能接近，也就是同一类点的方差尽量小，即 $\boldsymbol{w}^{\mathrm{T}}\boldsymbol{\Sigma}_0\boldsymbol{w}+\boldsymbol{w}^{\mathrm{T}}\boldsymbol{\Sigma}_1\boldsymbol{w}=\boldsymbol{w}^{\mathrm{T}}(\boldsymbol{\Sigma}_0+\boldsymbol{\Sigma}_1)\boldsymbol{w}$ 尽可能小。综合在一起，目标就是使得下述函数最大：

$$\frac{\boldsymbol{w}^{\mathrm{T}}\left(\boldsymbol{\mu}_0-\boldsymbol{\mu}_1\right)\left(\boldsymbol{\mu}_0-\boldsymbol{\mu}_1\right)^{\mathrm{T}}\boldsymbol{w}}{\boldsymbol{w}^{\mathrm{T}}\left(\boldsymbol{\Sigma}_0+\boldsymbol{\Sigma}_1\right)\boldsymbol{w}}$$

记类内离散矩阵为 $\boldsymbol{S}_{\mathrm{w}}=\boldsymbol{\Sigma}_0+\boldsymbol{\Sigma}_1$，类间离散矩阵为 $\boldsymbol{S}_{\mathrm{b}}=(\boldsymbol{\mu}_0-\boldsymbol{\mu}_1)(\boldsymbol{\mu}_0-\boldsymbol{\mu}_1)^{\mathrm{T}}$。上述目标函数又可以写为

$$\frac{\boldsymbol{w}^{\mathrm{T}}\boldsymbol{S}_{\mathrm{b}}\boldsymbol{w}}{\boldsymbol{w}^{\mathrm{T}}\boldsymbol{S}_{\mathrm{w}}\boldsymbol{w}}$$

根据 Rényi 熵公式，上式的最大值为 $\boldsymbol{S}_{\mathrm{w}}^{-\frac{1}{2}}\boldsymbol{S}_{\mathrm{b}}\boldsymbol{S}_{\mathrm{w}}^{-\frac{1}{2}}$ 的最大特征值，此时的 $\boldsymbol{w}$ 为对应的特征向量，即 $\boldsymbol{S}_{\mathrm{w}}^{-1}(\boldsymbol{\mu}_0-\boldsymbol{\mu}_1)$。

对于新的样本点 $\boldsymbol{x}$，如果要判断新的点属于哪一类，只需计算 $\boldsymbol{x}$ 在 $\boldsymbol{w}$ 上的投影值 $\boldsymbol{w}^{\mathrm{T}}\boldsymbol{x}$ 与两类中心点投影 $\boldsymbol{w}^{\mathrm{T}}\boldsymbol{\mu}_0$ 和 $\boldsymbol{w}^{\mathrm{T}}\boldsymbol{\mu}_1$ 的距离。若 $(\boldsymbol{w}^{\mathrm{T}}\boldsymbol{x}-\boldsymbol{w}^{\mathrm{T}}\boldsymbol{\mu}_0)<(\boldsymbol{w}^{\mathrm{T}}\boldsymbol{x}-\boldsymbol{w}^{\mathrm{T}}\boldsymbol{\mu}_1)$，则 $\boldsymbol{x}$ 属于第一类 A，否则属于第二类 B。

例 14.4 在二维空间，第一类 A 有 5 个点（圆点），分别是 $(-3.38,-0.61)$、

$(-5.53,-1.07)$、$(-4.13,-2.30)$、$(-3.26,-0.76)$ 和 $(-4.68,-0.25)$，第二类 B 有 6 个点（三角点），分别是 $(4.58,-0.06)$、$(2.86,1.64)$、$(3.21,-0.84)$、$(5.50,-1.25)$、$(3.94,-0.91)$ 和 $(5.55,2.29)$。请构造 Fisher 判别法则，并判别 $\boldsymbol{x}_1(-3.54,-2.06)$、$\boldsymbol{x}_2(5.04,-1.12)$ 分别属于哪一类？

解 根据条件，$N_0=5, N_1=6$；再计算 $\boldsymbol{\mu}_0$ 和 $\boldsymbol{\mu}_1$，$\boldsymbol{\Sigma}_0$ 和 $\boldsymbol{\Sigma}_1$，得到：

$$\boldsymbol{\mu}_0=(-4.19,-1.00)$$

$$\boldsymbol{\mu}_1=(4.27,0.15)$$

$$\boldsymbol{\Sigma}_0=\begin{pmatrix}6.48 & 0.27\\ 0.27 & 10.90\end{pmatrix}$$

$$\boldsymbol{\Sigma}_1=\begin{pmatrix}3.57 & 0.20\\ 0.2 & 2.47\end{pmatrix}$$

所以，

$$\boldsymbol{S}_{\mathrm{b}}=(\boldsymbol{\mu}_0-\boldsymbol{\mu}_1)(\boldsymbol{\mu}_0-\boldsymbol{\mu}_1)^{\mathrm{T}}\approx 73.05$$

$$\boldsymbol{S}_{\mathrm{w}}=\boldsymbol{\Sigma}_0+\boldsymbol{\Sigma}_1=\begin{pmatrix}10.05 & 0.47\\ 0.47 & 13.37\end{pmatrix}$$

由特征向量公式计算可得：

$$\boldsymbol{w}=\boldsymbol{S}_{\mathrm{w}}^{-1}(\boldsymbol{\mu}_0-\boldsymbol{\mu}_1)=(0.84,0.06)$$

进一步计算得到：

$$\boldsymbol{w}^{\mathrm{T}}\boldsymbol{\mu}_0=3.58$$

$$\boldsymbol{w}^{\mathrm{T}}\boldsymbol{\mu}_1=3.60$$

$$\boldsymbol{w}^{\mathrm{T}}\boldsymbol{x}_1=-3.09$$

$$\boldsymbol{w}^{\mathrm{T}}\boldsymbol{x}_2=4.17$$

对于 $\boldsymbol{x}_1$：

$$d_0-d_1=\left|\boldsymbol{w}^{\mathrm{T}}\boldsymbol{x}_1-\boldsymbol{w}^{\mathrm{T}}\boldsymbol{\mu}_0\right|-\left|\boldsymbol{w}^{\mathrm{T}}\boldsymbol{x}_1-\boldsymbol{w}^{\mathrm{T}}\boldsymbol{\mu}_1\right|<0$$

$d_0<d_1$，所以 $\boldsymbol{x}_1$ 属于第一类 A。

对于 $\boldsymbol{x}_2$：

$$d_0-d_1=\left|\boldsymbol{w}^{\mathrm{T}}\boldsymbol{x}_2-\boldsymbol{w}^{\mathrm{T}}\boldsymbol{\mu}_0\right|-\left|\boldsymbol{w}^{\mathrm{T}}\boldsymbol{x}_2-\boldsymbol{w}^{\mathrm{T}}\boldsymbol{\mu}_1\right|>0$$

$d_0>d_1$，所以 $\boldsymbol{x}_2$ 属于第二类 B。

14.5 Logistic 回归判别法

在二类判别问题中，把一类赋值为 0，另外一类赋值为 1，就可以建立一个回归模型：

$$y = f(x) + \varepsilon$$

如果我们用 S 型预测函数 $y = \dfrac{1}{1+\mathrm{e}^{-x}}$ 作回归模型，如图 14.3 所示，这个判别模型就称为 Logistic 回归判别法。

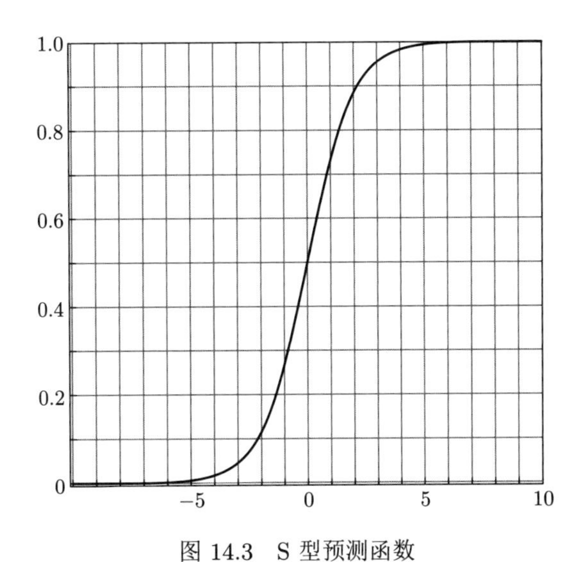

图 14.3 S 型预测函数

具体过程是，将样本代入下述公式：

$$y = \frac{1}{1+\mathrm{e}^{-(\boldsymbol{w}^{\mathrm{T}}\boldsymbol{x}+b)}}$$

求解这个 $\boldsymbol{w}$ 的极大似然估计 $\widehat{\boldsymbol{w}}$，一般采用对数损失函数，即使得下式达到最小：

$$L = \sum L_i, \quad L_i = \begin{cases} -\log\left(\widehat{y}_i\right), & y=0 \\ -\log\left(1-\widehat{y}_i\right), & y=1 \end{cases}, \ i = 1, 2, \cdots, n$$

一般采用梯度下降法或者牛顿法可以逼近计算出 $\widehat{\boldsymbol{w}}$ 和 $\widehat{\boldsymbol{b}}$。

S 型预测函数取值范围为 $(0,1)$，一般设置默认阈值 0.5。回归值大于 0.5 的样本可以认为属于分类 1；否则，可以认为属于分类 0。

Logistic 回归判别对大规模数据具有显著优势；它不依赖变量之间的联系，

可以直接将任何变量投入模型进行训练。但缺点是容易造成过拟合，分类精度不太高。常用的解决方案包括减少变量（如人工选择要保留的变量）和正则化。

14.6 贝叶斯判别

贝叶斯判别的基本过程是，根据已知的先验概率，求解某一样本出现的条件下，各个类的后验概率。哪个类的后验概率最大，就判定新样本属于这个类。

根据贝叶斯公式：

$$P(y_i \mid x)=\frac{P(x \mid y_i) P(y_i)}{P(x)}=\frac{P(x \mid y_i) P(y_i)}{\sum_i P(x \mid y_i) P(y_i)}$$

输入为某个类别发生的概率 $P(y_i)$（先验概率）和某个类别 y_i 下出现某个特征 x 的概率 $P(x \mid y_i)$，输出为划分为某个类别的概率 $P(y_i \mid x)$（后验概率）。

例 14.5 对某一暴雨高发区进行观测，ω_1 表示某天发生暴雨，ω_2 表示某天没有发生暴雨。通过长期观测，每天发生暴雨的概率 $P(\omega_1)=0.2$，没有发生暴雨的概率 $P(\omega_2)=1-0.2=0.8$。如何判断该地区明天是否会发生暴雨？显然，因为 $P(\omega_1)<P(\omega_2)$，如果没有其他信息，不发生暴雨是一个安全的预测。

发生暴雨事件与前一天的气压、湿度、温度等有一定的联系，如果前一天的天气异常，则更容易发生暴雨。将前一天天气是否异常的状态用 x 表示（为了简单，天气是否异常，已经将气压、湿度、温度等指标综合为一个一维变量），取值范围为 {“正常”“异常”}。假设根据观测记录，我们有以下的统计结果：

- 暴雨前一天天气异常的概率 $=0.6$，即 $P(x=\text{“异常”} \mid \omega_1)=0.6$。
- 暴雨前一天天气正常的概率 $=0.4$，即 $P(x=\text{“正常”} \mid \omega_1)=0.4$。
- 没有发生暴雨，但是前一天天气异常的概率 $=0.1$，即 $P(x=\text{“异常”} \mid \omega_2)=0.1$。
- 没有发生暴雨，前一天天气正常的概率 $=0.9$，即 $P(x=\text{“正常”} \mid \omega_2)=0.9$。

假设某日观察到明显的天气异常，请问第二天会发生暴雨吗？这个问题，实际上就是求 $P(\omega_1 \mid x=\text{“异常”})$。根据贝叶斯公式，很容易计算出这个概率：

$$\begin{aligned}&P(\omega_1 \mid x=\text{“异常”})\\=&\frac{P(x=\text{“异常”} \mid \omega_1) P(\omega_1)}{P(x=\text{“异常”})}\end{aligned}$$

$$= \frac{P\left(x=\text{“异常”} \mid \omega_1\right) P\left(\omega_1\right)}{P\left(x=\text{“异常”} \mid \omega_1\right) P\left(\omega_1\right)+P\left(x=\text{“异常”} \mid \omega_2\right) P\left(\omega_2\right)}$$

$$= \frac{0.6 \times 0.2}{0.6 \times 0.2+0.1 \times 0.8}$$

$$= 0.6$$

因此，如果设置阈值为 0.5，结论是判决明天暴雨。

上述贝叶斯判别在机器学习领域也称为朴素贝叶斯分类（naive Bayesian classifier），因为该方法简单地假设给定目标值时属性之间相互条件独立。

有时候，第一类错误判别和第二类错误判别产生的风险不能同等看待。为此，可以引入损失函数，选择损失期望值最小的结果作为判决，这样的方法，称为贝叶斯最小风险判别。

例 14.6 背景和例 14.5 相同，假设判决发生暴雨而实际没有发生，则要做很多预防工作，消耗（损失）为 16；而判决不会发生暴雨，实际却发生了暴雨，则会因为没有做预防工作而损失 10。其他情况则没有损失。假设某天天气异常，如何判决明天是否暴雨，可以使得平均损失最小？

例如，例 14.5 中，$P\left(\omega_1 \mid x=\text{“异常”}\right)=0.6$，$P\left(\omega_2 \mid x=\text{“异常”}\right)=0.4$。如果判决明天暴雨，则损失的期望值为 $16 \times 0.4=6.4$；如果判决明天没有暴雨，则损失的期望值为 $10 \times 0.6=6.0$。

结论是，虽然明天可能会有暴雨，暴雨也会带来损失；但是预防工作的损耗很大。总体来说，不做预防工作的损失相对还是小一些。因此，这个问题已经不是判决明天是不是下暴雨，而是如何做一个明智的判决，要不要做明天下暴雨的预防工作，使得总体成本最小。

14.7 在 GIS 中的应用

统计判别分析在 GIS 中最常见的应用就是遥感图像分类。遥感图像分类的目的是将图像中的像素解译为不同的地物类别。目前可直接用于图像分类的软件包括 ENVI、ERDAS 和 ArcGIS 等。

显然，统计判别分析可广泛用于 GIS 中的决策分析。例如，如何判断一片区域是平原、丘陵还是山地？如何根据土壤的采样数据，将一片区域按照植物种类的适宜性进行划分？如何根据城市的人口、交通、商业等信息，将一个城市划分为大小适中的网格，进行分片区的城市管理？

14.8 习　　题

习题 14.1 设定若输出概率大于或等于 0.5，则预测为正类；若输出概率小于 0.5，则预测为负类。那么，如果将阈值 0.5 提高到 0.6，则准确率（precision）和召回率（recall）会发生什么变化？

习题 14.2 接例 14.4，假如第二类 B 又多了一个已知的样本 $(3.21, 2.58)$，请问，这时的 Fisher 判别规则是什么？这时，新样本 $x_1(-3.54, -2.06)$、$x_2(5.04, -1.12)$ 又应该判别属于哪一类？请画出类似图 14.2 的图帮助理解。

习题 14.3 举一个简单的例子，说明 Logistic 回归判别模型的求解过程。

习题 14.4 接例 14.6，假如没有做预防，暴雨造成的损失是 12，该怎么判决呢？如果是 18 呢？